张石山 著

一画开天

中国民间的数学教育

YIHUA KAITIAN

ZHONGGUO MINJIAN DE SHUXUE JIAOYU

希望出版社

图书在版编目（CIP）数据

一画开天：中国民间的数学教育 / 张石山著 . –– 太原：希望出版社，2019.8
（讲给孩子的传统文化）
ISBN 978–7–5379–8172–9

Ⅰ . ①一… Ⅱ . ①张… Ⅲ . ①数学教学 – 俗文化 – 山西 – 青少年读物 Ⅳ . ① O11–49

中国版本图书馆 CIP 数据核字 (2019) 第 157150 号

一画开天

张石山　著

中国民间的数学教育

出版人：孟绍勇	项目策划：孟绍勇
责任编辑：邢 龙 王 珂	复审：柴晓敏
助理编辑：张泽坤	终审：孟绍勇
美术编辑：王 蕾	责任印制：刘一新
插画：高文君	装帧设计：张永文

地址：山西省太原市建设南路 21 号　　　邮编：030012
印刷：山西新华印业有限公司　　　　出版发行：希望出版社
开本：880mm × 1230mm 1/32　　　　经销：全国新华书店
版次：2019 年 8 月第 1 版　　　　　　印张：6
印次：2019 年 8 月第 1 次印刷

书号：ISBN 978–7–5379–8172–9　　　　定价：25.00 元

序　言

知某数，识某文

在人们的印象中，中国传统的民间启蒙教育，好像只是教授孩子们念《三字经》《百家姓》《千字文》等读物，偏重于教儿童认读文字。其实，这是一种过于粗浅的印象，是一种想当然带来的误解。

《三字经》上有"知某数，识某文"的句子，经文本身就说明传统教育当中并不排除数学教育。事实上，曾经在广大的民间，传统的启蒙教育，在教授孩子们认识若干文字的同时，也要教授大家知晓数字概念，学会简单的计算。识字与识数，并无偏废。

　　民间的数学教育，内容非常丰富。在乡间，流传着很多与数学相关的谜语和故事；在民间话语中，关乎数学的谣谚也很多。至于日常生活，有日用不绝的种种数学常识，有让孩子们背诵的珠算口诀和"斤秤流法"。包括历法、月相、时间方位、地亩里路丈量、升斗斤两换算，皆有循序渐进的持续教化。

　　这本小书，根据笔者的经历，回想自身少年时代接受到的民间数学教育，分门别类加以整理之后写出。

　　希望它是一本关乎数学教育的有趣而又有益的小书，希望众多的小读者和家长们喜欢它。

听不够：我喜欢听各种民间话语，新奇、有趣！

问到底：数学教育也能让人觉得有趣吗？

布袋爷爷：希望关于数学的民间话语，真正能够引发大家的好奇和兴趣！

葫芦奶奶：民间话语嘛，多半都有趣儿。

目　录

第一篇

数清十个手指头

一画开天

相传我们华夏民族的人文始祖伏羲发明了《易经》八卦，他在画卦的时候，始于乾卦的第一画。这个，就被后人称之为"一画开天"。

伏羲画卦的第一画，既是文字"一"，也是数字"一"；它是具象的刻画，也是抽象的概念；它是美学的，也是哲学的。《易经》八卦，于是成为我们中国文字、数字、美学以及哲学的一只始祖鸟。

《易经·系辞》写道："易有太极，是生两仪；两仪生四象，四象生八卦。"《道德经》则说："道生一，一生二，二生三，三生万物。"这儿所说的"万物"，当然也包含数字。

从最基础的数字"一"开始，我们渐渐形成了关于数字的种种概念。

我是"一个"人。

难道，我不是一个"人"吗？

哈哈，你又在打岔。你们两个，加上我一个，咱们拢共是三个人！

我就不算一个吗？

"幺二三，连盘子端"

民间故事当中，有一种类型专讲"三个女婿"。关于三个女婿的故事，基本上都是一个套路：大女婿和二女婿是读书人，有文化，而三女婿是一个文盲大老粗；读书人仗着有文化总想挤对欺负大老粗，最终的结果则偏偏是大老粗获胜，反转来嘲弄和挤兑了读书人。

一个故事讲，这家的三女婿不仅不识字，甚至不识数。他都数不清十个指头，他知道的最大的数字是"三"，所以大女婿和二女婿就拿这个来挤对他。三个人过年来到丈人家，丈母娘给炒上一盘肉来。大女婿便提议说："咱们三个，不能拿起筷子就吃肉，得有个讲究。每个人都得念上一句诗，并且和数字有关，然后才能吃肉。"

二女婿即刻附和，表示同意。少数服从多数，三女婿只能服从。大女婿早有准备，开口言道：

"一二三四五六，我先吃一块肉。"

这叫什么诗呢？也就是字数相当，基本押韵罢了。不管怎样，大女婿率先吃到了一块肉。

二女婿也有准备，接着吟诗两句："一二三四五六七，我两块肉一起吃。"

二女婿也吃到了肉，并且是吃了两块。两人等着看三女婿的笑话，他满共才能数上个"三"来，看他怎么作诗。两个连襟（指姐姐的丈夫和妹妹的丈夫之间的亲戚关系）都会作诗，并且都吃上了肉，三女婿急得眼睛瞪得铃铛大，终于也憋出来两句诗：

"幺二三，我连盘子端！"

这个故事，情节比较简单，但也寓教于乐，让孩子们对十以内的简单数字有了基本概念。

好比那首大家耳熟能详的五言绝句：

一去二三里，
烟村四五家。
亭台六七座，
八九十枝花。

在合辙顺口的韵句诵读中，儿童渐渐熟悉了从一到十这些基础数字。

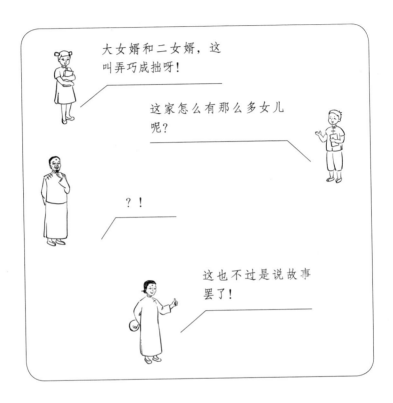

王玮先生的龙头拐杖

　　王玮先生，是我的老家山西盂县的文化名人。在清朝同治光绪年间，曾经任过京官，后来则是山西晋阳书院的山长（即书院院长）。在我们县，关于他的传说有不少。其中一则，和数字有关。

　　据说，有的儒生学子瞧不起王玮先生，觉着他的学问比较初级，奚落他只是一个《三字经》老先生。这一年，按照惯例，又到了儒生们进行等级考核的时候。王玮担任主考官，负责出题。结果，他没有出具体的文字题目，却是将他的龙头拐杖竖立在考场上，要求学子们在那龙头的十二只龙牙上书写一万个字。大家就统统被难住了。小小的龙牙，怎么能写下那么多字？除非是微雕艺人才有可能。

　　儒生们完不成考题，自然要反转来求教主考官。王玮老先生不慌不忙，在十二只龙牙上，端端正正书写了《三字经》上的十二个字：

一而十，十而百，百而千，千而万。

写罢十二个字，众学子方才恍然大悟。王珻老先生鼻孔里哼了一声，扔下毛笔说道：“小瞧《三字经》？你们连《三字经》都没有读熟哪！”

这样的故事，不必当真，权当民间传说来听就是了。给孩子们讲说这样的故事，其实还是一种数字教育。

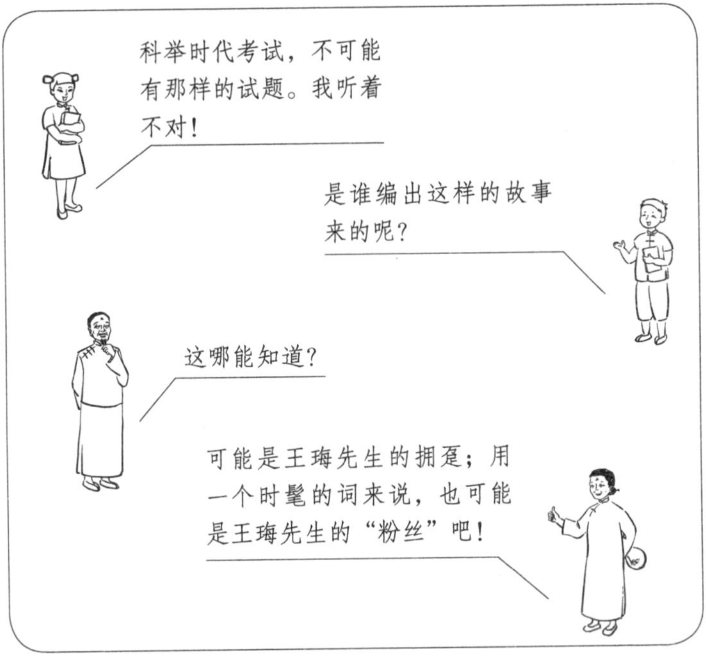
科举时代考试，不可能有那样的试题。我听着不对！
是谁编出这样的故事来的呢？
这哪能知道？
可能是王珻先生的拥趸；用一个时髦的词来说，也可能是王珻先生的“粉丝”吧！

"十七个、十七个"数核桃

早年的农村，教育不普及，文盲比较多。不仅有不识字的人，确实还有不识数的人。直到新中国成立初期，老百姓也觉得读太多的书没用。农家子弟，多数长大了不过还是种地务农，安居乐业祖祖辈辈无穷匮也。农民自我调侃，说自己是"上炕认得老婆，下炕认得鞋"。让孩子去学校读点书，要求也不高，"会写自己的名字，能数清十个手指头"也就是了。

在我的亲身经历中，确实见过数不清十个指头的人。儿童们的智力开发，认字识数，多半有个最佳时段。错过那个时段，认字识数也许就会变得非常困难。

我村有个后生名叫存未，长得端端正正，就是不识数，村里的人们寻常拿他来开心。

有人问他："存未啊，一个人有几个鼻子？"

存未很不屑地回答："这还用说？一个人一个

鼻子嘛！"

有人再问："那七个人几个鼻子？"

存未便惊呼起来："我的妈呀！那么多，咱可是数不清！"

存未是村里的人。我们家，也有这样的人。我父亲兄弟七个，二伯四伯不识字；大娘和五大娘基本不识数。

大娘，弄不清自己的年龄。村子里登记选民的时候，要问到年龄，我大娘总是很不好意思地说：

"我做媳妇的时候，和他三叔同岁，谁知道这会儿多大呢？"

五伯家有一棵核桃树，这一年核桃丰收了，他家两口子计划给兄弟们每家一百个核桃。我那五大娘还是个喜好打扮的女人，整日招招摇摇的，脸上涂着很厚的官粉。一百个核桃，她数了一上午，都没有数清，汗珠儿和着官粉就淌下来了。临近正午，我放学了，五大娘叫我帮她数核桃。数出一百个核桃，这是什么难事呢？一五一十，很快数好。

五大娘甚为惊异：

"你是咋数来呢？这么快就数出来了！"

我说了那个简单的过程，五大娘自我交代道：

　　"你是一五一十那么数，俺们是'十七个、
十七个'地数来！"

　　数一百个核桃，何以要"十七个、十七个"地数，
我始终不得理解。她的脑袋里，如何能有了这样的
念头，也是有点匪夷所思。

数不清一百个核桃，我听着太惊奇啦！

"十七个"，莫非她有素数的概念？

素数概念？这怎么可能？

可怜见！没有念过书，家里也缺少调教，真是值得同情呀！

巴老太太的住店钱

在《无字天书》里，我讲过一个叫做"两口偏钩挂"的故事。

有两名举子上京赶考，中途打尖住店。店家是个老太太，询问两位举子的姓氏，以便记账。两人一个姓赵，一个姓李，姓氏原也普通。但他们显然是要卖弄才学吓唬普通老百姓，当下得意洋洋道：

"'走肖十八子'是也！"

（正体字或曰繁体字的赵字原本是"趙"），老太太笑一笑：

"呵呵，原来是趙李二位相公！"

店家这里登记姓氏，两人反过来问询：

"敢问店主贵姓？"

老太太回答道：

"老身的姓氏太普通了，也不过是'两口偏钩挂'罢耳了！"

这一下，就把两个读书人给挂在半天里，张口结舌，不知如何下台。红着脸礼貌询问一回，原来老太太姓"巴"。

故事到这儿，其实还没有完。吃饭要掏饭钱，住店要花店钱，第二天上午，两名举子要离店。柜台上是老太太的小女儿负责结账，问起饭钱店钱，小姑娘说了一段全是数字的顺口溜：

一二三，三二一，
一二三四五六七；
七加八，八加七，
九加十加十一。

这段顺口溜，所有数字相加，得数正好是一百。

故事中所讲的两名读书人，这时就又被难住，半天算不出得数。末了，他俩告辞离去，小姑娘追出来说道：

"二位相公，我家母亲讲，你们就不用上京赶考了。认不得一个'巴'字，数不清一百个数字，回家去继续好好念书吧！"

这个故事，后半段应该归于趣味数学题一类。

通过寓教于乐的有趣故事，让孩子们熟悉一百以内的简单加法。

从"1"到"7"，七个连续自然数相加，我们取中间数字"4"，与"7"相乘，就是正确得数。传说中的数学家高斯小时候计算从"1"到"100"的数字之和，所用的也是这个简便方法。

我们小时候跳猴皮筋，念叨的儿歌，就是要数到一百。

据说，外国小学生不学"九九乘法表"，这是真的吗？

能有这事？

应该是真的。我们中国字包括数字，都是单音节，背诵乘法表简单快捷，恐怕也是一个重要原因。

一只蛤蟆来喝水

所谓"说书唱戏，给人比喻"，早先的中国老百姓，通过听书看戏，既得到了欣赏艺术的愉悦，也从中受到了道德的教化。

犹如人们在生活中时时离不开数学，在戏剧这艺术化了的生活中，也处处有数学的痕迹。比如，从一到十，有十大传统剧目：《一捧雪》《二度梅》《三上轿》《四进士》《五岳图》《六月雪》《七人贤》《八义图》《九江口》《十合义》。

我们常说常用的成语，比如"七上八下"，在戏剧表演中有着非常典型的体现。演员们，在平面的舞台上，要通过表演来"上下"虚拟的楼梯，按传统的讲究，便是"七上"而"八下"。

戏剧中的花旦和丑角，除了唱段有时还会来一些"贯口"，仿佛唱歌中的"拉普（Rap）"说唱。关于演员的说唱功力，还有说法是"三分唱腔七分念白"。

我小时候在老家看过一出折子戏，一个丑角来在台口，念过一段贯口"蛤蟆喝水"：

　　　　一只蛤蟆来喝水，两只眼睛四条腿，扑通一声跳下水。

　　　　两只蛤蟆来喝水，四只眼睛八条腿，扑通、扑通跳下水。

伴着梆子快板，他一口气数到了十六只蛤蟆。

十六只蛤蟆来喝水，三十二只眼睛六十四条腿，扑通、扑通、扑通……跳下水。

尽管只是简单的数字"二"的倍数，但小孩子们听了，觉得十分有趣。学着念叨，对一百以内的数字，渐渐熟读如流，达到能够快捷加减的程度。

一个人有两只手，两只手一共是十个手指头，这真是大自然的神奇。

一而十，十而百，十进位制就是这样来的吗？

有专家考证，十进位制是我们中国的古人最早发明并且使用的。对此我们有充分的理由感到自豪。

第二篇

三光者，日月星

三光者，日月星

《三字经》上说：

> 三才者，天地人。
> 三光者，日月星。

当年的私塾教育，只是让孩子们背书，一般不作讲解。天地人，何以就叫做"三才"？讲起来会非常复杂，孩子们也理解不了。只能长大之后自己慢慢领悟。至于日月星，被统称"三光"，有着实物对应，大家立即会有感性的认识。

太阳和月亮，是人类可见的最显著的天象。老百姓俗话说：东山背后日头多。日头，也就是太阳。每天，东方地平线都会升起一个崭新的太阳。一个太阳，便是"一日"、"一天"，关于时间的概念就这样形成了。

一天，首先分成了白天与黑夜。白天，分作上午和下午；黑夜，分成前半夜与后半夜。

黑夜，多数日子都能在天上看到月亮。与太阳相比，月亮有明显的圆缺变化。书面语言称作"朔望"，老百姓叫做"初一、十五"。初一，夜空中看不到月亮，而十五，一定是满月。每隔大约三十天，月亮总有一次由圆而缺、由缺而圆的规律变化。这样周而复始的一次变化，叫做一个"月"。

日子一天一天过去，过了一个月又一个月；白天有长短变化，气候有冷暖循环。经过 360 多天，月亮有十二次圆缺变化也就是十二个月，这便是一年的时间过去了。

小孩子盼过年，盼着自己长大一岁。

时间，与数字结下了不解之缘。

地球公转一周，大约360天；一个圆周，分成360度。这些数字太有趣了！

可是，我们为什么要过两个年呢？

阳历年和旧历年嘛，可不就要过两个年嘛！

这就要牵扯到所谓公历和农历的关系问题了。

冬至十日阳历年

近代以来，仗恃利炮坚船，强势的欧洲中心主义几欲横行全球。我们中华民族自民国起，发布政令，易服改制，也采用了公历纪年。公历一月一日，定名"新年"，称作"元旦"。中国人过了数千年的"年"，也就是"元旦"，只好改称"春节"。

所谓公元，严格说来应该是"西元"。以基督教传说的耶稣生年为起始元年。堂堂大中华，文明古久，史籍明确纪年，连绵不绝至少有三千年，何以要屈从奉行他国他人的纪年法呢？老百姓管不了那么多，政令下达，谁也无可奈何。中国采用公历纪年，说来已然使用了一百多年，大家也就渐渐习惯了。况且，中华文明胸襟开敞，有容乃大，吸纳容涵，公历纪年又可方便国际交流，仿佛世界大同"见了一斑"。

但一百多年过去，公历年任他叫做"元旦"，中国年任他改称"春节"，亿万老百姓过年，在心理上和事实上，在习俗上和文化上，过的还是我们传统的年。

从我记事起，乡下老百姓的时间概念，总是和我们的传统历法农历或曰夏历紧密联系在一块。每个月，村人讲究过"初一"和"十五"。初一的夜晚，一定见不着月亮，而"十五"的晚上，月亮一定是圆的。一个"月"，和月相变化密切相关。

公元纪年，大家约定俗成叫它是阳历年。阳历年既然是一种存在，老百姓也不能完全无视它。阳历和我们的夏历之间，是怎样的一种关系呢？我很小的时候，就听奶奶念叨说：

冬至十日阳历年。一点儿也不错！

到我长大，确信奶奶讲的果然没错。我们二十四节气的冬至，总是在阳历的 12 月的 21 日至 23 日之间，再过十天左右，可不便是阳历新年？

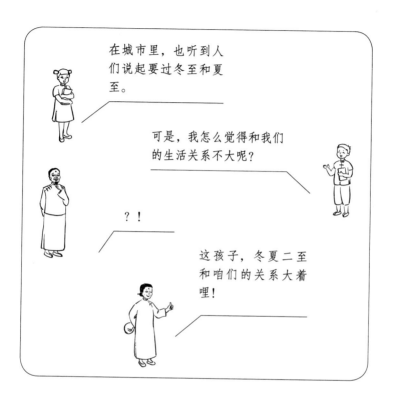

过一冬，长一畛

在乡间，老百姓早年过日子，除了讲究"初一"和"十五"，还格外重视节气。二十四节气当中，尤为重视冬至和夏至。老百姓的口语民谚当中，特别还有"冬至饺子夏至糕"的说法。

我国大部分地区，处在北温带。气候变化，四季分明。到了夏至，是白昼最长的一天。过了这一天，每天的白昼开始变短。冬至，则是白昼最短，过了这一天，每天的白昼开始变长。

那么，在冬至之后，一天的白昼比上一天的白昼，到底是长多少呢？

在我自幼的记忆中，过冬至的时候，奶奶总要说：

过一冬，长一畛。

奶奶不识字，也没有给我具体解释过这儿的"一畛"是个什么概念。她说的只是民间流传的一句俗语或者民谚。

到后来上学读书，直到我高中毕业，我所学的任何一门功课中，都没有涉及此一概念。

过了冬至，每一天比上一天究竟是长多少？民谚所说的"过一冬，长一畛"究竟是不是合理的？这个，是我个人渐渐琢磨出来的。

首先，我们要明白"一畛"的概念。畛字的本义是井田之间的阡陌道路，但在老百姓的习惯指称中，和道路无关，说的是田地。这种指称，各地也不统一。有的地方，是指地块面积。有的地方，是指田垄的长度。有一个寻常的概念，"一畛"相当于240步。

我们可以进行一个粗略的估算。按照我们平常的步行速度，一秒钟迈出两步，一分钟能走120步。那么，走出一畛地，也就是240步，大约需要两分钟。这时，我们就得出了一个答案：

冬至之后，白昼变长，一天的白昼比上一天长了两分钟。

这个答案，对不对呢？验证这一答案，我们需要另外一个计算过程。

从冬至到夏至，是半年，六个月的时间。半年里，白昼日渐变长，这是一个匀速的过程。在我国的黄河流域，冬至这一天日出大约是早上八点，日落在黄昏五点。而到夏至，日出在早上五点，日落会到晚间八点。夏至日的白昼比冬至日整整长了六个小时。那么，每个月正好是长一个小时。一个月30天，每天正好是长两分钟。

奶奶随口说出的一句民谚，"过一冬，长一畛"，它没有经过严格的计算，它是老百姓积年的生活经验。事实证明，这样的民谚能够经得起考验。

节令一到冬至，传统说法就要开始"数九"。与"过一冬，长一畛"紧密联系，这时候还有一句民谚，几乎每一个老百姓都知道：

一九二里半。

这句民谚的意思很明白。冬至之后过了九天，白昼变得更长了，如果是白天走路的话，这时候就能比冬至日多走二里半。

那么，这句民谚说的到底对不对呢？

如前所说，冬至日之后，每天的白昼长了两分钟，那么九天将长出 18 分钟。按照一般人的寻常步行速度，一个小时能走 5000 米，18 分钟行进 1500 米。但我们新中国成立前的华里，每华里合 180 丈，等于 600 米，二里半恰好是 1500 米。

经过这样一番估算换算，这句民谚完全正确。

这样的民谚，我第一次听说！

简直太神奇了，这、这怎么可能？

这不是可能，活生生就是这么回事。

对于民谚俗语，我们应该怀有一点由衷的敬意。

九九加一九，耧犁遍地走

从冬至开始，按照传统习俗，就进入了"数九"。

在大半个北中国，各地都有大同小异的"数九歌"。奶奶姥姥们教儿童念诵数九歌，不仅是在讲述气候节令变化，同时其中也有数字教育。我小时候听奶奶念叨的数九歌是这样的：

一九二九，吃饭温手。

三九四九，冻破碓臼。

交五九，消井口；

五九六九，沿河看柳。

七九河开，八九雁来；

河开河不开，雁来准定来。

九九加一九，耧犁铧子遍地走！

"七九河开"，这个不一定。遇上特别的冬寒，河面上结的冰也许还不能化冻。但"八九雁来"却毫无疑问，大雁是一定会来的。作为候鸟，大雁这时要从南方飞往北方。在高远的天空，大雁列队飞行，有时横向排成一个"一"字，有时纵向排成一个"人"字。在飞行中，它们还会发出"咕嘎、咕嘎"的鸣叫，引动孩子们久久仰头伫望。

在"数九"的过程中，还有一句民间俗语"春打六九头"。二十四节气，一个节气十五天，"六九"之前过了五个"九"，45 天是三个节令。冬至之后，小寒、大寒，然后正是立春。

至于"九九加一九"，冬至之后 90 天，经过六个节令，这时就到了清明节的前夕。清明过后是谷雨，民谚说"谷雨前后，安瓜点豆"。冬去春来，农家迎来了春耕大忙。

千百年来，在中国的极其广大的地区普遍流行"九九歌"，这无疑成为一场最普及的"全民数字教育"活动。

好后生吃一个"大小建"

　　"一个月三十天"，"一年三百六十日"，只是习惯上笼统大概的说法。

　　在城市长大的孩子们，都知道阳历要分大小月份，大月 31 天，小月 30 天。而在平年，每年的二月都是 28 天。每到闰年，也就是能被四整除的年份，是阳历的闰年，这年的二月要多闰一天，成了 29 天。所以，有个别的人出生在阳历二月的 29 日，要每隔四年才能过一次生日。

　　阳历，每过四年就要有一个闰年，这个与太阳有关。一个阳历年，每年是 365 天。这大致是地球围绕太阳的一个公转周期。但在实际上，在一个回归年里地球绕太阳一周，并不正好是整数天，所需时间是 365 天 5 小时 48 分 46 秒。这余出来的将近六个小时，在四年里就能凑成一个整数的昼夜。这便是阳历闰年的缘由。但在实际上，每四个回归年所余出的时间，又不足 24 小时。作为严谨的历法，这是不精确的，也是不可以的。所以，经过天文学家的精密计算，每到能被 100 整除的年份，这一年不可当作闰年，二月依然是 28 天。而每到能被 400 整除的年份，又必须当作闰年。这也正是阳历闰年的口诀所说的：

四年一闰，百年不闰，四百年再闰。

关于阳历年如何置闰，一般数学课本上没有这方面的内容。大家只需按照月份牌来过日子就是了。

而在农村长大的孩子，更为熟悉的是我们的夏历。夏历，也要分大小月份。大月 30 天，小月 29 天。这又是怎么回事呢？说来却是和月亮有关。月亮围绕地球公转，也并不正好是整数天，一个朔望周期大约需要 29 天半。于是，夏历也就出现了大小月份。夏历的大月和小月，在传统的说法上称作"大建（尽）"和"小建（尽）"。至于哪个月是大建而不是小建，并非像阳历一般人为规定，而要根据真实的朔望情况来决定。这个任务，当然是由天文学家来完成。在王朝时代，负责这一任务的机构称作钦天监。所谓皇历，会印在大家过年要更换的"灶王爷"的纸页上，上面注明各个月份的大小建情况，老百姓按照皇历来过日子就是了。

因为有大月小月，所以"大建"、"小建"寻常都会挂在老百姓的口头。早年间，财主家雇佣长工短工，不怕大伙儿能吃。有一个说法是，能吃的，才能干。包括婚丧娶嫁，主家临时用人，也讲究要用能吃饭的把式。比如，两家定亲，男方要给女方送礼"下定"，负责抬礼盒的汉子就要能吃饭的精兵后生。如此，男方觉得有面子：咱们家用的人，个个都是好样的！女方那头，看到男方所用的人手能吃，会对这一桩婚事生出信心。

那么，怎样才叫"能吃"呢？在山西乡间好多地方，习俗讲究，好后生要能吃一个"大小建"。无论是馒头糕团，一两多二两一个，吃一个"大建"是 30 个，吃一个"小建"是 29 个。

初三初四，月牙挑刺

当今的城市，高楼林立，灯红酒绿，追逐繁华现代因而远离了素淡古朴。人们没有时间和雅兴去仰望夜空，夜空光雾迷蒙，看不到满天星斗；月光仿佛被无形的光幕拦截，大家也很少注意到月亮。"月色宜人""静影沉璧""床前明月光，疑是地上霜""月光如水水如天""露似珍珠月似弓"之类句子所描写的景色，仿佛只有古诗中才存在。至于《春江花月夜》，对于月亮的描写达到那样无可比拟的美感高度，那样的伟大诗篇，在当代很难出现。

而在早先的乡间，月亮在夜空中亘古明媚。由于大家过的是夏历的朔望月，人们总会注意到月相在天空中的变化。月亮悬像于天，老百姓对于一个"月"，因之有了最直观的概念。一个月当中，和月相有关的民谚俗语有很多。比如：

初三初四，月牙挑刺，

初七八，半疙瘩，

十七十八，人定月发，

二十数二三，天明月正南，

二十四五，月亮上来鸡吼。

这些民谚，既有月相变化，也有日子计算，同时还有方位概念。这在人们的生活中，具有相当大的实用价值。

比方，在黎明时分看到残月升起东方，这便是我们的夏历当月二十五左右，人们知道快到月底啦。同样在黎明时分，如果我们知道日子是夏历二十二，那么，月亮所在的方位一定是正南。能够正确判断时间和方位，甚至在军事上都有不可忽视的作用。

我看过有人写的侦破故事，说是在"半夜时分，看到一弯新月挂在天上"，这显然犯了想当然的常识性错误。新月，只会在刚入夜的时候出现，到半夜早已落下。

起五更，睡半夜

在文字表述和人们的口语中，形容劳作辛苦，常常会用到一个俗语"起五更，睡半夜"。"五更"，现在的孩子们听来相当陌生。

一天，分作白昼与夜晚，好似太极初分两仪。

白昼，以中午为界，分成上午和下午。老百姓的口语，称为"前晌"与"后晌"。上午下午再分，叫做"半前晌"或者"半后晌"。早年乡间没有钟表，老百姓日常起居、下地上山，照样对时间有着具体的把控。

早先的村子里，男人去下地，女人要赶中午做好午饭。大家怎样掌握时间呢？其实就是观看太阳的方位。男人在田间劳作，要在正午歇工回村用饭，估摸时间也是观看太阳。遇上阴天落雨，看不到日头，大家只好依据经验来判断。当然，还有一句民谚叫"日正雨歇"。阴雨天，到正午时分，雨会小下来，甚至要停歇片刻。

　　白昼之外，黑夜也被中分，当间称作"半夜"，之前之后便是"前半夜"和"后半夜"。那么，在黑夜，人们又是依凭什么来划分时间的呢？

　　在皇宫里，我们知道白天有日晷，夜间有"铜壶滴漏"的装置，时辰认定相当精密。但这样的装置，无法普及全国城乡。

　　通过古典文学作品和传统戏剧，我们知道过去在城市里有钟楼和鼓楼。"晨钟暮鼓"，成为大家常见的一个成语。古典戏剧中则有"谯楼上响更声三更三点"等等唱词。在传统上，一夜被分作五更。夜间的五个时辰，戌时、亥时、子时、丑时、寅时，称为五更。子时，便是半夜三更。古来一个时辰，相当于现在的两个小时。比如三更子时这一个更次，是夜里 23 点到凌晨 1 点这个时段。一个更次，又分为五点。三更三点，正是午夜 12 点。

　　那么，每一更次和点数的长短，是怎样衡量出来的呢？我们的前人，是用燃烧"更香"的办法。区别于祭祀所用，计算时刻有一种专用的更香。一炷香，从点燃到燃尽，便是一个点数或一个更次。

　　我姥姥家住在苌池镇，是我们县的四大镇子之一。我记事的时候，还有人专门下夜打更。更夫一则巡逻街巷，防贼防火，二则便是负责打更，为住户们提醒时间。吃罢夜饭，聊天说话着，外面就远远传来敲梆子和铜锣的声音。姥爷姥姥就说："起了初更啦，该歇着啦。"

于是，在传统的乡间，漫漫长夜便也曾经有过当年的"数字化"。

我们回头来看"起五更，睡半夜"。半夜在午夜 12 点，五更在凌晨 3 点到 5 点；12 点睡觉，5 点起床，一天只休息五个小时。

我在生活中，几乎没有听到过"三更、五更"的说法。

有了钟表，那些说法就没有意义了吧？

至少，古来有这样的文字表述，让我们能够了解到古人的时间观念和计时单位。

交子与混沌

半夜三更，正在我们传统习惯所讲的十二时辰的子时。子时，从前一日晚 11 时起，到次日凌晨 1 时止。那么，从上一个时辰亥时过渡到子时，两个时辰交汇的当口，称作"交了子时"，简称"交子"。

中国人，谈论"交子"、盼望"交子"、庆贺"交子"，莫过于除夕夜。春节、元旦、元日，是开年第一天；除夕，是上一年的最后一夜。有的年画上会印刷文字，老百姓的口语也常说：

> 一夜连双岁，
> 五更分二年。

一个除夕夜，连接了上一年和下一年；这一夜的五个更次，分属新旧两个年头。一旦到了"交子"时分，时间就进入了一个新的阶段，开始了新的一年。

传统习俗，冬至要吃饺子，过年也要吃饺子。"饺子"，正是与"交子"谐音的食物。好比我们正月十五元宵节，习俗要讲究吃"元宵"。

天地未开，阴阳未分，这样的时刻是为"混沌"时分。有的地方，过年讲究吃"馄饨"，其实也具有同样的象征意味。关于"混沌"，中国有古老传说讲：混沌生无七窍，日凿一窍，七窍成而混沌死。人生而有七窍，夏历大年初七，特别称之为"人日"。

一些特殊的节日，和美食联系在一起，无形中强化了大家的数字记忆。

三官、三元与三大鬼节

在传统的中国，乡土民间，事实上"无庙不成村"。老百姓敬天法祖，寻常祭祀供奉的神灵很多。道观、寺院、庙宇，一般说来每年都有传统庙会。庙会有固定的时日，往往还要给神仙唱戏，借娱神而娱人。

比如，夏历三月十八是观音诞。我们县苌池镇西头的观音庙有庙会。四月十五，则有全县最盛大的藏山庙的庙会，纪念春秋时期躲藏在盂县地面的赵氏孤儿赵武。到五月十三，和全国各地一样，传说这一天是关帝老爷磨刀的日子，关帝庙都要赶庙会唱大戏。话说是"有钱难买五月旱"，但在关帝老爷磨刀的日子，天上往往还会下一场"磨刀雨"。

庙会日期，这些数字概念，就自然而然凸显在老百姓的生活中。

和全国相当普遍的情况一样，我们老家也有三官庙。三官是为"天官、地官、水官"，老百姓多数都知道"天官赐福，地官赦罪，水官解厄"的说法。这三位神灵的诞辰日，称作三元节。上元节，就是正月十五元宵节；中元节，是夏历七月十五；下元节，就到了夏历十月十五。

供奉神灵之外，中国人还格外注重祭祀祖宗先人。于是，在传统上有专门祭祀追念祖宗先人的三大鬼节。第一个是春天的寒食节。由于寒食节在节气清明节之前两天，后来就渐渐与清明节混为一谈。第二个便是夏历七月十五的中元节。道教说这一天地官诞辰，是超度亡灵的日子，而佛教则说是解救倒悬的盂兰盆节。第三个是夏历十月初一的寒衣节。习俗讲究，这一天要为故去的先人烧送寒衣。

人死如灯灭，超度亡灵云云荒诞无稽。但追念祭祀祖宗先人，属于一种美好的道德情感。进步革命人士，一百多年来大力破除迷信、扫荡传统，但中国人敬天法祖的情怀与习俗，在事实上依然得以顽强保存。尤其是在广大的乡野，生生不已的老百姓，祖祖辈辈都记着这些日子。

留住这些数字记忆，便也留住了我们的文化传统。

第三篇

太阳历、太阴历与夏历

易服色，改正朔

中国历史上，但凡王朝更替，一定要"易服色，改正朔"。

所谓"改正朔"，也就是新的王朝要颁布新的历法。正，是指一年从哪个月开始，这个月便是正月。朔，是要确定正月的初一即朔日是哪一天。说白了，就是到底要在哪一天过大年。

我国自汉朝以来两千多年，国家所用的历法，都是汉代制定的"太初历"。太初历所规定的正月，是夏朝所使用的正月。正如孔子所讲的，这叫"行夏之时"。相对于从民国开始使用的新历、公历、阳历、西洋历，在习惯上，人们就把太初历称作了"旧历""农历""阴历""夏历"。

一年究竟从什么时间开始，什么时候过大年，对于国家和人民实在不是一个小问题。当今中国，在国家层面，奉行阳历。但在老百姓的心目中，过年还是要过旧历年，也就是春节。

　　在历史上，从汉代开始使用太初历定了正朔，往后就一直延用所谓"夏正"。那么，具体到某一年，该叫个什么年呢？

　　我们知道，历代王朝，每个皇帝都有各自的年号。比如明朝的朱元璋当了皇帝，年号称为"洪武"，那么，在他做皇帝的第三年，便称之为"洪武三年"。辛亥革命，推翻了帝制，建立了中华民国，从此也就没有了帝王年号，而是改用"民国××年"来纪年。新中国成立后，一般规定使用公元纪年。

干支纪年与属相

中国历史上，王朝何其多，皇上何其多。有些皇帝还使用不止一个年号，如此纪年难说尽善尽美，老百姓使用起来，非常不方便。况且，即便有王朝更替，但民族的整体历史并没有断裂，我们聪明的先人，另有一套完美的纪年法，是为"干支纪年"。

在殷墟发掘出的甲骨上，已经有了完整的干支纪年表。说它起自夏代，应该不是无稽之谈。干支纪年，数千年沿用不绝，堪称是华夏文明创建的一个文化瑰宝。

所谓"干支"，是指十天干和十二地支。十天干，应该与十进制有关，按顺序分别称作：

甲乙丙丁戊己庚辛壬癸。

十二地支，应该与一年十二个月份有关，按顺

序分别称作:

子丑寅卯辰巳午未申酉戌亥。

十天干与十二地支,再按照奇偶分别相配的原则,甲子、乙丑、丙寅、丁卯……如是继续,直到辛酉、壬戌、癸亥,最终就会出现没有重复的六十个配伍。这便是"六十甲子"。

除了纪年,连同纪月纪日纪时,我们中国自古以来都是使用六十甲子。老百姓因而对之并不陌生,包括人们取名,都常常用到。比如我们村,就有名叫"甲子""己未""丙寅""辛丑"的。

事实上,按照六十甲子的连续轮回,我们中国自古以来的纪年、纪月包括纪日,就始终没有断裂过。这在人类文明史上,堪称了不起的奇迹。

大家知道,十二地支,更与十二种动物挂钩对应,形成了"十二属相",成为与我们每个人有关的概念。

在 2018 年 2 月 15 日(农历腊月三十)过后,就进入了夏历戊戌年。我们都知晓著名的"戊戌变法"。那场变法,说来已经过去了 120 年。

人们的年龄每隔12年，大家一定是同一个属相。

这是不是暗合了十二进制呢？

当然也可以这样讲。

都是排行第六，相差天高地厚

采用六十甲子纪年，每 60 年便是一个轮回。人生六十，经过 60 年，便也会重逢自己出生的那一个独特干支纪年。人生的长度，有了一个衡量比照的系统。即或是看似无始无终的时间长河，也仿佛得到了把控。这样的纪年历法，与西洋历便形成了强烈的对比。

自从西方殖民主义借助坚船利炮打开中国的大门，我们东方的华夏文明遭遇到了数千年未有的大变局。东西方文明碰撞，已然发生了，那么任何其他假设都变得失去了意义。历史只承认事实，而事实无可改变。

"落后便要挨打"，痛哉斯言；"发展才是硬道理"，诚哉斯言。唯恐落后，争相发展，相互比快，成为当今全球现代化的主旋律。于是，出于对"落后挨打"的恐惧，比拼速度的现代化，就如同一支射出去的箭，愈来愈快，而不知伊于胡底。

质言之，这是非常可怕的一种趋势。

全人类到了重新认识华夏文明、探寻借鉴东方圣贤古老智慧的时候。

当今中国的中小学生，对于"六十甲子""干支纪年"这样的文明瑰宝，或许有些陌生，对其有所了解认知，大有必要。

天干地支，洪荒时代的古人就有这样不同寻常的神奇数字概念，今人对其有所了解认知，应该不是什么难事。好在，广大的乡野农村，这方面的传统并没有断裂。

比如，人们依然非常重视自己的属相，通过自己和他人的属相，大家都能说出今年是个什么年。农历戊戌年，毫无疑问便是"狗"年。

比如，在民间还流传着许多和干支有关的谜语。一个谜语讲：

四对是两对，正巧天地配。

（打六字俗语一句）

谜底是"钉（丁）是钉（丁）来铆（卯）是铆（卯）"。

丁是天干第四，卯是地支第四，四与四相对，所以是"四对"。而谜底两钉两铆，却是两对。

有人给出的答案是"阴一套，阳一套"，也能说得过去。

还有个谜语也很有趣。

> 你也排行老六，
> 我也排行老六；
> 看去面目相似，
> 相差天高地厚。

谜底是天干第六位的"己"和地支第六位的"巳"。《聊斋》当中也出现过类似的文字：

> 戊戌同体，腹中只差一点；
> 己巳连踪，足下何不双挑？

其他谜语，比如谜面"龙盘室内，虎卧江边"，根据"辰龙""寅虎"，谜底是"宸"字和"演"字；谜面"马立槽头，猪宿田间"，打"杵"字和"垓"字。诸如此类，在当代的猜灯谜活动中有所出现。

就眼下所见情形，天干地支不会退出国人的生活。

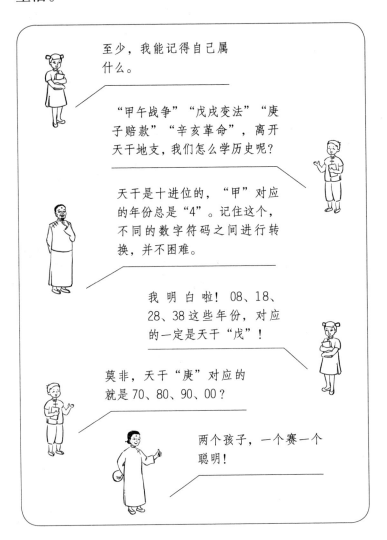

至少，我能记得自己属什么。

"甲午战争""戊戌变法""庚子赔款""辛亥革命"，离开天干地支，我们怎么学历史呢？

天干是十进位的，"甲"对应的年份总是"4"。记住这个，不同的数字符码之间进行转换，并不困难。

我明白啦！08、18、28、38这些年份，对应的一定是天干"戊"！

莫非，天干"庚"对应的就是70、80、90、00？

两个孩子，一个赛一个聪明！

二十四节气

　　公元纪年，大家约定俗成叫它是阳历年。阳历、或曰"洋历"，当然是太阳历。以地球公转绕日一周为一年。但因之便把中华传统之年称作"阴历年"，这便是一个巨大的误会了。

　　相对于太阳历，纯粹的太阴历是有的，比如伊斯兰教的阴历。太阴历以月球公转绕地一周为一个月，即严格的朔望月。

　　说到朔望月，中国人使用了数千年，简直是太熟悉、太亲切了。一个朔望月，月亮环绕地球公转一周，实际时间是 29.5 天。一年十二个月，一年的天数便是 355 天左右。上面所说的太阴历就是这样的。但如此一来，太阴历的年，比起太阳历的年，每年要相差 10 天左右。大致三年，便要相差一个月。因之，按照纯粹的太阴历过年，有时就过在了夏天。

　　我们伟大的先民圣贤，日影测竿，确定了冬

夏二至，发明了二十四节气。从冬至阴极阳生到夏至阳极阴生，正是一个严格的太阳年。一个太阳年，又划分出与农耕生产密切相关的二十四节气。二十四节气，成为中华传统文化的极具标志性的符号。

二十四节气，与人们的生活紧密相关，于是千百年来，便也流传着许多关于节气的民谚俗语。首先，有一个大家耳熟能详的"二十四节气歌"：

> 春雨惊春清谷天，
> 夏满芒夏暑相连。
> 秋处露秋寒霜降，
> 冬雪雪冬小大寒。

民谚俗语中，春天有："谷雨前后，安瓜点豆"；谷雨在公历每年的 4 月 20 日左右。

夏天有："夏至不种高山黍"；夏至在公历每年的 6 月 22 日左右。

秋天有："处暑不出头，割得喂了牛"；处暑在公历每年的 8 月 22 日左右。

冬天有："大寒不寒，人畜不安。"大寒在公历每年的 1 月 20 日左右。

　　包括前面所说的民谚"冬至十日阳历年"，都证明了我们的二十四节气与太阳年的严格数字对应关系。

十九年七闰

数千年来，华夏民族都是按照二十四节气来安排每年的农耕生产活动，事实上是严格遵循着太阳历的历法。但我们中国人自古以来所过的每个月，又是严格的朔望月。十二个朔望月过下来，这样的一年要比太阳年少大约十天的样子，差不多三年就会少一个月。长此以往，对于特别注重时令的农耕是不可想象的。

如何让太阴历与太阳历有机统一起来？我们天才的先民发明了"置闰"之法。老百姓耳熟能详的"十九年七闰"，说的正是置闰的规律。差不多三年设置一个闰月，这一年就变成了十三个月。这样，就将每年少的那十天补了起来。如此，补而又缺、缺而又补，我们的夏历年和二十四节气亦即太阳年就获得了极其和谐的统一。既严格采用了月相分明的朔望月，又严格遵奉了二至（冬至、夏至）限定的太阳年，因此，我们的夏历，就是中华文明中"天人合一"的一种表现，是一种有相当合理性的历法，体现了东方伟大的理性精神。

十九年七闰，大致三年一闰，到底应该在哪一年的哪一个时段置闰呢？在过去，这由朝廷设立的钦天监来负责；在当今，则是由专门的天文历法机构来负责。国人老百姓，城里人按月份牌、乡下人按皇历过日子就是。但古来的读书人，有"一事不知，儒者之耻"的说法。当代的青少年，对此有所了解，也是应该的。

一个太阳历回归年，大约 365 天。每个月平均超过了 30 天。我们的二十四节气，也是一个回归年。在我们夏历一年的十二个朔望月里，大致是每个月两个节气。但在事实上，每两个节气所管的时段，都要比朔望月长一些。这样依次排列节气，就会出现某个朔望月里只有一个节气的情况。那么，这个短缺一个节气的月份，就定为一个闰月。假如上个月是八月，那么闰月就称为"闰八月"。

举一个最近的例子，2017 年所大致对应的农历年，就是我们夏历的一个闰月年。在夏历六月之后的一个月，还是个大月，有 30 天，但这个月确实只有一个节气立秋。那么，只有一个节气的这个月，就是闰月，而且名之为"闰六月"。

夏历的闰月年，一年多出来一个月，事实上比起往年来，春节便会往后推迟。而农时节令则总是正常运转，所以老百姓有俗话说"节令不等人"。还有民谚这样讲：

过罢闰月年，走马就种田。

"十九年七闰"，我又长了知识啦！

比起阳历年，我们的夏历年，两年少去了 20 天，第三年干脆赶回来 30 天，是这样的吗？

两个孩子，一点就透，冰雪聪明呀！

哈哈，这位老太太比我会讲话！

羿射九日与嫦娥奔月

中华文明，曾经是人类史上最为古老而辉煌的农耕文明。发明制定出恰当的历法以适应春种秋收，可想而知经历过漫长的历史年代。如果纯粹采用太阴历，一定会造成四季紊乱，违背"春种秋收"的农时节令，后果将是灾难性的。这一点，在中国上古时代的神话传说中，能够找出若干蛛丝马迹。

"尧之时，十日并出"，可能说的便是这样的灾难。

山西的屯留县有座三嵕山。千百年来，生生不息的老百姓在这儿立碑建庙，祖祖辈辈的香火祭祀着伟大的神话人物后羿以及他的妻子嫦娥。传说帝尧之时，"十日并出。焦禾稼，杀草木，而民无所食。"乃令善射的后羿"上射十日而下杀猰貐，断修蛇于洞庭，擒封豨于桑林。万民皆喜。置尧以为天子"。

传说后羿射日之处，是在屯留的三嵕山。传说，是啊，千百万老百姓千百年来就那么口口相传。传说，这是一个无比强大的存在，神话因此而获得了永生。

那么，有人定会追问，"十日并出"到底是怎么回事？面对披上几多神奇乃至几分荒诞外衣的神话传说，难免会引来种种可能的疑问。

我认为，十日并出、后羿射日，那非常可能是中国古代历法曾经有过的一次伟大变革。每个太阳回归年，多出来的十天，便是"十日并出"。神奇的后羿，用"置闰之法"射落了令禾苗枯焦的十日，而历法中从此有了一个闰月。

闰月，这是神奇的一个月，这是神秘的一个月，这是人力而不是天定的一个月。

后羿的妻子桓娥，在汉代避汉文帝刘桓之名改称嫦娥。她一定是在这次历法革命中起到了巨大的作用。很可能，丈夫后羿箭射十日，是妻子嫦娥捧出了那神奇的一个月。先民赞叹神奇，将嫦娥捧出的神奇之月回头奉献给嫦娥。月即月也，这是一顶华美瑰丽无与伦比的桂冠！

嫦娥拥有了月亮，从此她居住在月亮中。

从此，"嫦娥奔月"与"后羿射日"共生共荣，无此无彼，有如日月同辉。

　　而神话往往就是变形了的上古历史。历史，从来不仅仅书之竹帛，从来不仅仅属于官版。历史，潜藏在瑰丽神话中，存活在生生不息的亿万老百姓的口口相传里。这是一个如同山河万古一样强大的存在。

　　而且，在我们的古代典籍里，从《尚书·尧典》到《左传》，都有关于置闰的记载。从神话传说到典章史籍，我们的先人发明置闰的历史非常古久；在那样的远古，人们的历法算学就达到了令后人惊叹崇仰的高度。

小时候，我做过自己飞向月亮的梦！

按老百姓的解释，你那是长个头哩！

嫦娥一个人在月亮上，她不寂寞吗？她就不想家吗？

神话，总是能引发我们许多想象！

夏至三庚入伏

相对于冬至之后即刻数九，并且有流传至今的"九九歌谣"，我国有的地方还有从夏至日开始的"夏九九歌"。不过，在我国普遍实行的是"夏至三庚入伏"的历法讲究。

十天干和十二地支排列组合而成的"六十甲子"，古来通用于记录年月日时。夏历纪日，同样是干支纪日，循环轮回。十天干，每十天一个轮回。如果某天属于庚日，那么在十天后必定还是一个庚日。如此，在夏至之后的第三个庚日，历法规定在这一天进入初伏，是为"入伏"。

初伏是十天。到夏至之后的第四个庚日，进入"中伏"。中伏期间就到了立秋节令。秋后依然很热，许多地方有"秋老虎"的说法。所以，秋后还有一伏，称作"末伏"。末伏，则从秋后的第一个庚日开始。

"夏至三庚入伏"，这句话普遍流传，成了国人的常识。其实，背后有精确的时日计算。

入伏的时候，我们学校正好放暑假。

"伏"字的意思，是不是就有潜藏下来伏避暑热的意思？

说得对对的！

夏至本来到了"阳极阴生"的时候，但在阳气威压之下，阴气暂时还得潜伏。

春秋二社

中国农耕文明格外古久，自古以来国人对于土地和庄稼有着极为特殊的情感。所谓"江山社稷"，社，便是土地大神；而稷，则是五谷之神。敬奉土地神和谷神是以农为本的中华民族最重要的原始崇拜。

早年，从国家层面到普遍的民俗，每年都要对社神即土地大神进行春秋二祭，也叫"春祈秋报"。国家祭祀土地大神，最早在山西晋南万荣县的汾阴后土祠。这座后土祠，是全国最大的也是最早的祭地庙宇。后来，国家级的祭祀是在京城的社稷坛。社稷坛设于王宫之右，与设于王宫之左的宗庙相对，前者代表土地，后者代表血缘，同为国家的象征。国家公祭之外，村村社社的老百姓也要举行春秋二祭。祭社的地方，本身就叫做"社"。祭社，叫做办社或过社。

我记事的时节，还没有搞合作化，记得我们村办过春社。在村东一片靠崖的空地上，搭起了神棚，有柏枝点缀。村里的长老社首们在神棚底庄严祭祀。焚过黄表纸，钟磬一敲再敲。然后是本村的高跷、旱船等社火班子打开场子表演，娱神兼而娱人。还有跷跷板、登铁脚大车的车轮、打秋千等游戏。办社仿佛变成了一场集体狂欢。然后，各家都要吃好的，成人们还要喝酒。那就好像古诗的情景再现："桑柘影斜村社散，家家扶得醉人归。"

社日，具体是什么时间呢？春社日、秋社日，各在立春立秋之后的第五个戊日。按"金水木火土"五行的说法，十天干当中的戊属土。春社在立春之后第五个戊日，也就是经过四十多天，节令到了春分左右。秋社，则到了秋分左右。

秋分节令，庄禾成熟，谷穗弯腰。在我们老家，老人巍巍颤颤的，人们形容那就像"秋分社的谷子"。

现时在村子里，人们很少提到"春社""秋社"，大家也不过社日了。

千年久旱逢甘霖

　　有一个流传很广的笑话，与数字有关，和节令也有关。

　　所谓人生四大快意事，人们耳熟能详。一般都说是：

　　　　久旱逢甘霖，

　　　　他乡遇故知；

　　　　洞房花烛夜，

　　　　金榜题名时。

　　民间有粗通文字又爱抬杠的私塾先生之类，他认为，上面四句话说得固然不错，可惜意味还不够。或者说是欠丰满。久旱逢甘霖，旱了多久呢？旱了三天、五天？莫若改成"千年久旱逢甘霖"，才比较够味。往下讲，他乡遇故知，"他乡"两字也不精确。在南郊区集贸市场碰上了邻居老王，那有什么惊奇？算什么人生快意？不妨增添两个字，改成"万里他乡遇故知"。还有洞房花烛，隔壁老三家的二小子结婚，有什么稀罕？至于金榜题名，考上非重点中学第 286 名，值得大惊小怪吗？

老先生便给与依次加工，增添丰满，人生四大快意事就变成这样：

　　　　千年久旱逢甘霖，
　　　　万里他乡遇故知；
　　　　和尚洞房花烛夜，
　　　　状元金榜题名时。

这是老先生嫌诗意不足、味道不够，随便使用了一回添字法、丰满法。虽然只是民间笑话，但有趣之外也有些道理。"千年、万里"，用上这些数字，原诗的意味确实就更突出。

老先生果然了得，上面法术之外，他还有减字法、消瘦法。

比如，唐人杜牧的著名绝句："清明时节雨纷纷"，先生褒贬说是啰嗦，极不精练。"清明"本来就是时节，何须重复。"路上行人欲断魂"，行人不在路上，会在哪儿？借问酒家一句，"借问"两字也多余；至于牧童指路，莫非樵夫指路便会指错的吗？

于是，便依次删减精练了一番，将杜牧的七言原诗变成了一首五言绝句：

清明雨纷纷，

行人欲断魂；

酒家何处有？

遥指杏花村。

这位老先生说的也不是全无道理。但原诗经过如此删减，显得干巴巴起来，没有了原来的那种意蕴。

故事到这儿还没有完。

且说聆听了先生若干教诲，他的一名学生感觉茅塞顿开，简直胜读十年书。深感自己往常写诗习作，毛病太多。于是闭门闷头数日，精心打制、反复删改，综合使用了丰满法、删减法等种种法，终于创作出一首相对满意的新作。沾沾自喜，拿到先生面前来请教，希冀获得表彰。然而便是惯作打油诗的老先生，此刻也成了丈二和尚，连称不懂。

学生的新作，应该算是一首五言绝句：

　　肉头金针真，
　　况妻玉簪假；
　　毛雨思三娘，
　　骑驴想二爸。

　　先生看得懵懵怔怔，反过来向学生讨教："尊诗合辙押韵，对仗也算工稳，怎么老夫就不解其中深意呢？"

　　学生实话实说，原来正是吸取了先生你的丰满法、删减法，种种妙法熔于一炉，方才有此新作出手。

　　且看第一句，诗意很平实，是说我老婆头上戴着的一根金针是真的。而老婆不就是内人嘛，老婆、内人，嫌其啰嗦费字不精练，所以将内人两字上下合而为一变成个"肉"字，老婆头上即是"肉头"。

　　第二句，不过如法炮制。写诗不是讲究对仗吗？老婆的金针是真的，我二嫂戴的一枚玉簪却是假的。二嫂，乃二兄之妻也，二兄两字左右合而为一，便是一个"况"字。

　　至于三四两句，是说我三娘是个麻子，二爸是个驴头长脸。天上落毛毛雨的时候，地下会出现好多雨点击打的麻点，这时我就想起三娘来了。而一旦要出门骑驴，看见驴头自然就联想到我的二爸。

末了，学生一派谦恭样子，请老先生能否将新作评点一回，看本篇新作有无进步，学生是否具有诗人之灵感与天才之气质？

打油诗老先生，只能哑然。

加与减，是最简单的数学运算。原来不可乱用，也不可错用。

“千年久旱”“万里他乡”，这位先生真有想象力！

“麻脸三娘”“驴头二爸”，他的学生难道能说没有想象力？

我可不希望你们成为那样的学生。

那你首先不能成为那样的先生！

第四篇

三日肩膀二日腿

三日肩膀二日腿

生而为人，从一开始就和数字结下了不解之缘。民间话语，民谚俗话，例子多多。

母亲的子宫孕育生命，对于人类而言叫做"十月怀胎"。和人关系密切的各种牲畜，它们的怀孕期，民间有俗话说是"猫三狗四，猪五羊六，驴七马八"。

一个女人怀了孕，胎儿在肚子里渐渐长大，从孕妇的身姿大略能看出月份来。民间有口语说："三个月显肚，五个月仰身子走路。"到快要生产，叫做"足月"或者"临盆"。

婴儿出生，叫"落地""落草"。出生第三天，有的家庭要举行仪式，称作"洗三"。而这一时段，容易患新生儿黄疸和新生儿肺炎，对此种疾病，老百姓叫做"四六风"。

然后，孩子满月、百日，渐渐学会一些动作和发音，这便是常言所说"三翻六坐八爬挲，十个月上叫妈妈"。过了六个月，孩子开始出牙，说的是"七牙牙、八牙牙"。孩子出牙时候爱闹病，其实是他从母体那带来的抗体已经消失，他要自己对抗疾病，建立自身的免疫系统了。

到三周岁，有的地方风俗，这时又要为孩子举办庆贺仪式。三年又三年，孩子到了七八岁。有那么一个年龄段，格外淘气作怪，叫做"七岁八岁惹人嫌，惹得鸡狗不待见"。

古时候女孩子订婚早，结婚出嫁年龄也不大。有说法是"十一留头十二嫁，十三生个毛丫丫"。当然，这样的早婚早育现象，在我国早已被禁止。

结婚了，在举办过婚礼之后，传统习俗女儿要回娘家。婚礼后三天回娘家，回到娘家要住九天，这一习俗叫"回三住九"。

人类代代繁衍，下面的孩子在长大，上头的父母便也渐渐老去。羊羔跪母、乌鸦反哺，对父母老人要"养老送终"。老人去世之后，讲究过"七"。从去世之日数起，每七天为"一七"。如此，要过"七七"，过罢七七四十九天，叫做"尽七"。在数七期间，如果撞上夏历的初七、十七和二十七，这叫"犯七"。每当犯七，还要另有祭祀活动。尽七之后，有一个百日。然后，还要做三个周年，是为"三年之丧"。一副对联这样写道：

慎终需尽三年孝
追远常怀一片心

慎终追远，这便是我们尊奉的孝道了。

除此而外，日常生活，处处都有数字。

比方我们县，早年间庙宇多，庙会也多。过庙会要唱戏，需要去请戏班子。全县的所有庙会，多少戏班才能赶得过来呢？传统的说法是"七紧八不紧"。七个戏班，甚至都有点紧张不够用。

我的老家盂县，新中国成立前有人上太原打工，也有在北京做生意的。据说，当年北京的几大染坊就是盂县人开办的。人们上北京，讲究些的要雇车马，一般人则是步行。步行上北京，需要几天呢？有经验之谈说是"紧七慢八"。抓紧些，走快点，需要七天。

除了竞走运动员，如今的人们很少会十天八天连续走路。那样连续走路，累不累呢？腿脚吃消吃不消？过来人的经验之谈说是"三日肩膀二日腿"。

我父亲十七岁到太原打工，干的是脚行。就是专门搞搬运扛麻袋的。一只麻袋二百斤，天天扛麻袋，肩膀能否受得了？

老辈人外出打工，就如同现在的打工族，什么叫"受得了、受不了"？为了谋生，为了赚钱，为了发家致富，咬紧牙关受着就是了。

当然，"三日肩膀二日腿"，其中有实际体验，也有人生哲理。

凡事要循序渐进，不可急于求成；功夫是慢慢练出来的，不是一下子就有了的。

在民间，对于孩子们的种种教化，也是这样。无论是文字教育，还是数字教育，抑或是人格教育，都是这样。

想不到我们自身和数字有那样多的联系!

为什么我们在城里很少听到这些说法?

这还是一个现代与传统如何接轨的问题。

要我说,空发议论,不如家长们先懂得一些传统文化。

一进门，就上炕

　　民间话语，好多关于数字的段子，大都是诗歌式的韵句。不仅琅琅上口，而且讲究趣味。具体讲述，则要根据孩子们的年龄和接受程度，循序渐进。

　　孩子们牙牙学语，能数清十个指头了，渐渐就给他们讲一点略有难度的题目。比如，在上小学之前，家里大人给我讲过一个乡间流传的数学题：

　　　　一进门，就上炕，
　　　　席子比炕长一丈。
　　　　因为席子长，把它双铺上，
　　　　炕又比席子长一丈。
　　　　几丈席子几丈炕？

　　自己比画着那么一算，原来是席子四丈炕三丈。

　　乡间的房屋形制，各地不一。即便是在同一个村庄，院落房间格局，也有区别。比方我们村，各家的院子，有宽有窄。作为正房，有三间的，也有五间的。具体到一间房子的宽度，叫做"开间""间架"；房间的深度，叫做"入深""进深"。一般说来，开间在一丈左右，入深有丈二、丈四、丈六不等。有人个子小，特别能吃饭，老百姓就调侃说是："间架不大入深深。"

　　如果是窑洞，入深往往会更大一些。有的富户老财家，石砌或者砖碹的窑洞，能达到三丈入深。所以，乡间又有"一眼窑洞顶三间房"的说法。

门前一亩麻

孩子们又长大一些，如果念书也该学过"九九乘法表"了，民间的数学谜题，也就相应增加了难度。

农民种地，天经地义。地亩地块，对于大家是个平常不过又时时挂在嘴边的概念。一块地，有几亩几分？一亩地，能出产多少粮食？这样的计算，随时随地都有。一道谜题，说的就是这个：

> 门前一亩麻，
> 一步九根苴。
> 三根折一两，
> 共折多少麻？

我们知道，一亩等于60平方丈。而在农村，老百姓却要说一亩是240步。没有丈尺工具，大家也能大致量出一块地的大小。农民所说的"步"，首先是指平方步。其次，这儿的"步"字，正是它的古来含义，要左右腿各迈一次。寻常步幅，两迈一步，大约五尺。一丈等于两步，一个平方丈等于四个平方步。

这道题并不难。民间谜题，一般都是口述，需要当场口算答题，这个也不难。

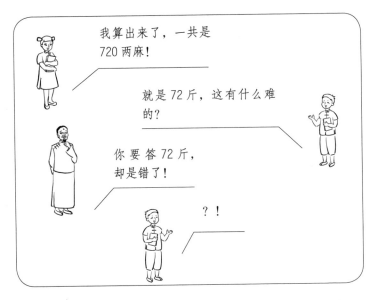

> 我算出来了，一共是720两麻！
>
> 就是72斤，这有什么难的？
>
> 你要答72斤，却是错了！
>
> ？！

这道题是不难，但对于当今城里的孩子，却是需要另外有两点说明。

一个，什么叫"折麻"。我们平常使用的麻绳，包括过去妇女们纳鞋底的麻绳，都是用麻皮搓成的。

麻皮，是从一种植物的秸秆上剥下来的。长麻皮的植物，本身就叫"麻"。麻，分作公麻和母麻。母麻的植株分作许多枝杈，上面结麻籽。麻籽可以榨油，是一种食用油。公麻，不分叉。它的顶端开花，好像玉米头上的盖顶，那是雄蕊。公麻于是也叫"花麻"。开花传粉过后，花麻就完成了任务。到夏历处暑节令，农人要到麻地将花麻连根拔出，有句农谚说：处暑拔花麻。

麻地里拔掉花麻，利于母麻继续生长结子。花麻，麻杆上的外皮，便是麻皮。但这层麻皮，又很不容易剥下来，所以要经过一个沤制的过程。沤制过后，麻皮才能从麻杆上剥离下来。沤制花麻的水坑，当然就是沤麻坑了。一首民歌有这样精彩的句子：

> 三姓庄外沤麻坑，
> 沤得烂生铁，沤不烂妹子的心！

沤制过的麻杆，还要晒干，然后从麻杆上剥下麻皮，这个过程，叫做"折麻"。麻杆有多长，麻皮就有多长。这样长的纤维搓成绳索，非常结实耐用。搓绳子之余的细碎麻皮，缠绕一堆，叫做"麻团"。

乱糟糟的，所以形容人的心情有个成语是"心乱如麻"。

完全褪掉麻皮的麻秆，农家也不会丢弃。用来引火点灯，最是易燃。麻秆，看着是根棍子，又轻又脆，一碰就断。所以，还有一个歇后语这样讲：

麻秆打狼——两头害怕。

至于斤两问题，新中国成立前我们传统的衡制，一华斤或曰一市斤，分作 16 两。720 两说成 72 斤，自然是错的。

我算出来了，720 两，原来是 45 斤！

你说"心乱如麻"，可戏剧唱词里又有"忍不住泪珠儿点点如麻"，这到底是怎么回事？

你问得好，真是一个用心的孩子。"点点如麻"，这儿说的不是麻皮，却是麻籽。

那麻籽，麻雀眼睛似的，眼泪洒在地下点点滴滴，就像麻籽呀！

尺八九寸二尺七

民国初期，颁布了度量衡法，开始推行"万国公制"。同时对传统的市制进行了调整，以便与公制更好地换算。如一公尺等于三市尺，一公里等于二里，一公斤等于二斤，一公升相当一市升等等。

面对通行的公制，我国市制的调整牵扯面相当大。

自汉唐以来，我们有相对稳定的度量衡体制。与公制的换算并不存在整数换算的可能。比如，我们传统的一里，当初是 180 丈，并非 150 丈。为了让一公里正好等于二市里，我们传统的市里不得不缩短为 150 丈。

当年的一市斤大约有 600 克，一公斤并不等于二市斤。我们的市斤也得缩小。

在纸上运算换算不难，具体到老百姓的日常生活，手头用的尺子、斤秤，都得弃旧换新。政令之下，无可奈何。人们渐渐也就习惯了。

人们居住在房间里，对房间大小有了解的需求。人们使用一些日常器物，比如桌椅板凳，也有个尺寸问题。什么样的尺寸是合理的？是符合人的身量高低因而合用的？

民间一句俗语，是我父亲讲给我的，说的就是桌椅板凳的尺度：

尺八九寸二尺七，

炕上地下都好吃。

地下摆放的高桌，所谓八仙桌，高度应该是二尺七寸。板凳面、椅子面距地面的高度，应该是一尺八寸。小板凳和炕桌的高度，应该是九寸。这样的话，人们在地下坐在八仙桌旁边吃饭用餐，是合适的。而在炕上，人们盘腿而坐，炕桌九寸高，也比较恰当。

这两句民间口语提到的数字，尺八、九寸、二尺七，符合中国人的身高比例，相互之间形成了和谐的等差比，而且上口，便于记忆。

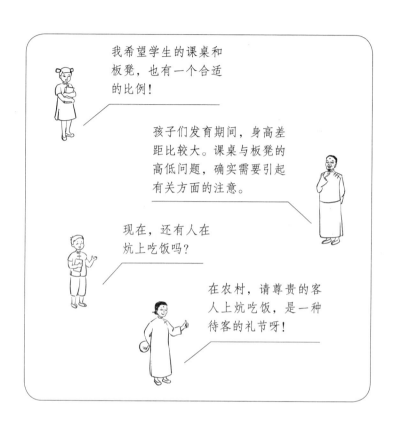

茶七酒八水六分

人们惯常爱说一句俗语，叫做"浅茶满酒"。具体怎样是"浅"、如何为"满"，许多人则很懵懂。

在饭局酒宴上，常见有人给长者满酒，总是倒得快要溢出杯口。酒水珍贵，不可流溢浪费，这时还有人振振有词：浅茶满酒嘛！

在我们老家，有一次来了一位客人，我的堂妹给客人倒了一碗白开水。白水敬客，照样也是一份礼仪。但堂妹倒得太满了，我父亲随口说了一句：

"茶七酒八水六分，你不怕烫着客人？"

于是，我记住了这句民间俗语。细想，倒也合理。

白水倒得太满，会很烫，也可能洒出来烫着人，宜于浅一些。茶水倒上七分，既烫不着，又便于吹拂水面的茶叶。而酒水斟上八分，合于"满酒"待客的礼仪，客人捧端，也不至于洒溢而尴尬。简而言之，皆是恐怕对客人失敬不恭。

我问父亲，这话可有出处？父亲讲，也不过是
听老人传言罢了。

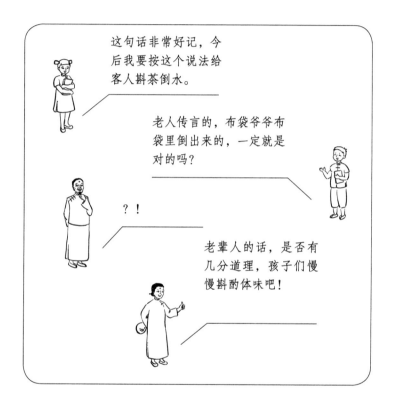

四个蹄子分八瓣

自古以来，中国的文人雅士，在饮酒高会的场合，往往还伴有流觞曲水、吟诗作对等等游戏。留传下来许多趣闻轶事，书诸竹帛。

在《红楼梦》中，写到过几次宴会场合，涉及饮酒的时候，女眷人等也要举行种种趣味游戏。其中，刘姥姥给人留下极深的印象。在宴会上鸳鸯出题，看来用的是牌九，给贾母的题目是：这是一张"天"；贾母就回答："头上有青天"。轮到刘姥姥，鸳鸯先凑出一副"人"，刘姥姥故作懵懂，似问似答说道："是个庄稼人吧？"下面鸳鸯又出题说："中间三四绿配红"，刘姥姥脱口答道："大火烧了毛毛虫"。

刘姥姥讲，在乡下，她们也是要玩类似游戏的，只是没有荣国府大观园里来得这么雅致罢了。

至于粗豪汉子、劳工大众，喝酒的时候也玩游戏。大家来不了过分雅致的，多是划拳猜枚。此类游戏，有的涉及文字，有的涉及数字。

　　涉及文字的游戏，有"字头咬字尾"的文字接龙。要求念诵唐宋诗词，至少也是成语。涉及数字的游戏，有一种"数七"，比较有趣。

　　酒桌上人数不等，从某人开始数数，数字"七"以下，从几开始都可以。往下，大家依次数数。但凡到"明七"如17、27，以及"暗七"如14、42，都不得说出具体数字，要以其他发声替代，比如说"过"。说出具体数字，便是"犯七"，要罚酒。罚酒过后，被罚者开始行令。

　　我在酒桌上曾经碰到过极好的对手。最后剩下两人比拼，一直数到一百，都不曾出错。其中的难点，比如"27、28"是相连两个犯七数字，"56、57"也是相连犯七数字，容易出错。数到"70"，往下一直到"79"，这十个数字都犯七，每人要连说五次"过"。数到一百不曾出错，我们又从一百倒着数回来。

　　数七，应该算是一种相对有趣的初级数字游戏。它不太难，太难则不利于众人参与。

　　数七之外，最普遍的行酒游戏便是猜拳了。猜拳，两人对垒，单手出拳，允许出从0到5六个数字。所谓猜拳，便是希冀猜中对手出拳的数字，加上自己所出数字，口中要喊出两数之和。猜中了，罚对手饮酒；两人同时猜对或同时猜错，则继续行拳。遇到极端情况，对方是个六指呢？又有歇后语说是：六指划拳——有一得一。

两人猜拳，也不过是猜十以内的数字，但不失为一种有趣的数字游戏。其中有简单计算，更要有快捷的反应。出拳喊数，也不是干巴巴的数字，而是一些带有吉庆色彩的指代词汇。

从一到十比如有：一心敬你，咱两个好，三星高照，四季来财，五魁首，六六顺，七个巧，八大仙，敬你喝，全来到。

除此而外，传统习惯在两人划拳的时候，要戴"拳帽"。就是在正式出拳喊数之前，要念诵几句传统的小令。这些小令，也都和数字有关。

比如有：

　　螃蟹一呀，爪八个，
　　两头尖尖这么大个！

在念诵的时候，要配合手指比画。

还有：

高高山上一头牛哇,
两个犄角在上头。
四个蹄子分八瓣,
一根尾巴腔后头!

也有按十个数字依次吟唱的小令:

当朝一品卿,
两朵大花翎;
三星高照,
四更到五更;
六六一和春哪!
七巧七八大仙,
官运久亨通。
满堂全福寿哇!

　　人们在聚会的时候,添加一点诸如此类的游戏,
可以活跃气氛现场。

我喜欢《红楼梦》里面那样的饮酒行令。

可我为什么偏偏喜欢《水浒传》里的好汉们喝酒那种豪爽派头呢？

这叫"萝卜青菜，各有所爱"。

四梁八柱、五脊六兽

　　近年来，我国的城市化进程一日千里。在高楼大厦拔地而起的同时，也在复建传统民居。但抬眼看去，会觉得有点不对劲。比方，在房屋的正脊或曰大脊两端，历来要有鸱吻脊兽；传统的民居，按照建筑规制，脊兽一般是不能开口的。开口的脊兽，应该在庙宇和皇宫以及官衙等建筑物上。现在的新建民居，脊兽都是大张其口。包括许多企业单位，大门口摆放石狮子，而在若干企业的"文化园林"，则又随便竖立华表。甚至有些地方，随便复制"天安门"。建筑形制，一派乱象。

　　关于传统民居，大家通常会说到"四梁八柱"这个成语。稍作推究，这些数字显然告诉我们，这其实说的是三开间的房屋。三间房屋，需要四根大梁，支撑这四根大梁，需要八根立柱。四梁与八柱用卯榫连接，成为整体木结构建筑的基础框架。

　　小说戏剧等文学作品，事实上都有个结构问题，说的也就是整体布局架构。一部作品，有了整体布局，往往也会说有了"四梁八柱"。结构匀称均衡，是一部作品成功不可或缺的要素。

　　说到庙堂建筑，常见的规制之一是"五脊六兽"。在庙宇的大殿顶上，最高处是一条横着的正脊。然后，向着四个殿角，伸出四条垂脊。合起来便是"五脊"。四条垂脊的端头，各有一个鸱吻脊兽，加上大脊两端的两个脊兽，共是"六兽"。简单的数字归纳，总结出了庙宇建筑的规制。

　　老百姓见闻多了，在日常口语中便也经常使用"五脊六兽"这个词汇。也有的情况是根据发音以讹传讹，口语中变成了"五足六手"。"看你五脊六兽的，不知想怎么样"，形容一个人不懂规矩，张扬咋呼的样子。

　　眼下中国的建筑状况，看不到统一的规制。给人的感觉不是百花齐放，而是一派乱象。建筑本来是大文化，我们现在满眼看到的叫做没有文化。

第五篇

四斤六两百

一个哑巴来割肉

　　我们前面说了，中国的市斤，曾经是一斤等于16两。所以，老百姓都知道"百两六斤四"的说法。过去，涉及贵金属，如黄金和白银，都是按"两"来计量的。千两纹银，那是62斤半，而不是100斤。

　　将一斤16两改为现在的一斤10两，变成十进制，大约是1959年的事。而且，中国古来的市斤，在清朝年间，与公制相比照，是将近600克，并非是现在的半公斤等于500克。

　　中国从民国开始推行公制，但那时的台湾还是日本的殖民地，民间使用的斤秤始终是古制。至今在台湾仍然使用每斤相当600克的换算制。

　　在我父亲一辈老者的讲述中，直到新中国成立前，我们山西的斤秤还是古制。他在太原打工，从抗日战争时期就知道了公制。而公制与旧制的换算，人们都是讲：一吨等于1680斤。反过来运算一下，每市斤相当 595 克。这说明，至少在山西，新中国成立前还在广泛使用传统的斤秤规制。

在国际上通用的金衡盎司，每盎司约等于 31.1 克。我们知道当今中国一市斤等于 500 克，如果按照十六进制，一两等于 31.25 克。一两与一盎司非常接近。当然，这只是一种巧合。

中国民间有许多古来留传的数学趣题，但凡涉及斤秤，自然都是指十六两秤。在这样的条件之下，才能算出那些题目的正确答案。有一道流传极广的数学谜题，也是我小时候父亲讲的：

> 一个哑巴来割肉，
> 拿的钱儿不知数。
> 割一斤，短四十，
> 割九两，余十六。
> 问他共拿多少钱，
> 能割多少肉？

当时，我读书已经到小学二年级，计算这道题并不难。经过简单口算，得出结果：一两肉是八个钱，一斤是 128 个钱。哑巴拿着 88 个钱，能割 11 两肉。

　　让我感叹至今的是：我们的民间话语当中，蕴藏着那样丰富的种种知识。它们有文字的，也有数字的。让我尤为感叹的是：我的父亲，一个苦力工，一位普通的中国人，他的脑海中竟然有那样丰富的民间话语。这足以证明：即便许多人没有机会读书，我们的传统文化"有教无类"，仍然在广泛地教化着每一个华夏子民。我的父亲受此教化，然后像一位虔诚的传道者，将宝贵的民间话语传给了我。

"哑巴割肉"和这些数字概念，我听着非常有趣！

一斤为什么要分成十六两？专门为着不方便吗？

呵呵，先人用了上千年，也没觉着不方便。

至今许多国家还在使用各自传统的衡制，这也只是个老百姓的习惯问题。

一杆十七两的秤

古来，我们传统的一斤，为什么要分成十六两，而不采用更加方便的十进制呢？这样的提问，近乎无解。没有"为什么"，事实就是那样的。

但在民间话语中，老百姓对此有个解答。

一斤等于十六两，在用以称量的秤杆上当然要打制出十六颗等距的秤星。人们传说，天上的星宿有南斗六郎、北斗七星，合起来是十三星。另外再加上福禄寿三星，这便是十六星了。

秤杆上，特别有一颗定盘星。当秤盘空着的时候，秤锤的吊绳放在定盘星的位置，秤锤与秤盘，必须是两相均衡，秤杆平平。做生意是为着赚钱，但必须是明码标价，赚钱赚在明处，绝对不可以缺斤短两。如果缺斤短两，那叫缺德，那叫造孽，那叫赚昧心钱。那样的话，也许可以骗钱骗人于一时，但德行有亏，最终折损的是"福禄寿"。这样的说法本身，形成了对于人心人性的教化与约束。

我们山西的晋商，曾经汇通海内，曾经富甲天下。好多富可敌国的豪商巨贾，祖上都是经营小本生意起家的。传说，有一家的祖上是卖豆腐的，他家的祖庙里始终供奉着一杆"十七两的秤"。当年，他家的豆腐，不仅做得好，售卖的时候一斤按十七两来卖，斤秤于是给得特别足。因而，在顾客中的口碑非常好，甚至有人送号叫"傻豆腐"。傻豆腐，名声在外，生意越做越好，越做越大。

这样的传说故事，也许不必当真。做生意要讲诚信，这个道理却是真的。事实上，晋商无论是做什么生意，最核心的经商理念就是诚信，因而最终才能做到"经营天下"。有据可查，当年晋商向欧洲和中亚出口茶叶，在临出口岸之前，还要最后验证包装。每斤茶叶，一定要达到十七两。这样，茶叶抵达外阜，绝无缺斤短两。因而，晋商建立起了极高的商业信誉，由之创造了人类商业史上炫目的辉煌。

晋商，最终是随着清王朝的败亡而没落了。但它所崇奉的商业道德，永远不会过时。

一推六二五

　　我们中国，一直到民国时期，钱币计数还是十进制，做买卖的斤秤却是每斤等于十六两。比起全部十进制，这在买卖双方的计算上，都相对出现了一点困难。一斤物品，如果是一块钱，那么一两是多少钱呢？为了便于运算，让人们记住一些"常数"，当年就流行一个"斤秤流法"，让店铺里的学徒背诵。推而广之，差不多家家户户的学龄儿童，也要学会这个斤秤流法。

　　一斤物品是一块钱，一两该是多少钱？这是一道除法题。一两自然就是 6.25 分钱。往下的运算，可以是加法，也可以是乘法。二两是 12.5 分钱，三两是 18.75 分钱，四两是 25 分钱。在孩子们记忆的时候，则是连同前面的斤两数一并念诵出来。结果就是"1625，2125，31875，425……"于是，我们能发现，这个斤秤流法又无需死记硬背，只要记住一个"625"就可以了。

在实际生活中，正经店铺，做大宗生意，算账要用算盘。做小买卖的，走街串巷，一般不带算盘，都是口算。他算得是否准确？会不会糊弄老百姓？答案是不会，因为，民间几乎是人人都懂斤秤流法。

我在一位喜好古董的朋友那儿，曾经见过一只民窑的白瓷坛子，坛子上有青花的字迹，写的全是数字。朋友比我年轻，不曾有过十六两秤的概念，不知那只坛子上的数字究竟何意。原来，那是完整的斤秤流法口诀。

如今我们使用的市斤早已改为十进制，斤秤流法远离大家而去。它曾经在上千年的时光里，深深介入过中国人的生活，曾经对代代儿童的数学教育，起到过启蒙的作用。

中小学生对此多少了解一点，该是有益无害。至少，当我们偶或接触到古来的斤秤问题，不至于完全不懂。

直到现在，还有一句常用的关于斤秤流法的俗语，形容不负责任、推脱、推诿，那就是"一推六二五"。

还有一句成语，比喻旗鼓相当、一般无二，叫做"半斤八两"。现在的孩子们，如果不了解古代斤两的背景，便难以理解这一成语。

另外，在山西的太原市和长治市等地区，传统锣鼓谱里，还有"斤秤锣鼓"的说法。它的敲击点路，并非一成不变，而是要按照斤秤流法递进变化。

最早听到"半斤八两"，我都晕啦！

真的有"斤秤锣鼓"吗？

毫无疑问，山西好多民间鼓乐队现在还使用那种传统的锣鼓谱。

不懂斤秤锣鼓的，不会来几套"625""125"的，让人笑话是"狗瞎咬"哩！

我的出生体重问题

如今，孩子们多数在医院出生，家长往往会要求称一下新生儿的体重。这如果不算是普遍习俗，至少也成了一个相当普遍的习惯。

我是在太原出生的，无论是太原还是我们老家盂县，当年都没有这样的习俗。然而，我出生的时候，却称过体重。而且，我的小名与我的出生体重紧密相关，干脆就是体重的数字记录；而且，我的出生体重，成为一个需要费些口舌才能说清的问题。它本身就是一个与斤秤流法有关的数学题。

新中国成立前，我父亲到太原打工，干脚行，扛大件。由于他的能力和品格，十八岁就当上了大工头。不久，我们抗日根据地发展他加入了地下组织。随之建立了一个地下交通联络站，由他担任站长。为了掩护工作，组织上又把我母亲从家乡送来太原，和父亲建立家庭。

母亲生我的时候只有十六岁，不但年龄小，个头也很矮，结果难产。幸好当时英国人在太原开办的教会医院，能够做剖腹产手术。那教会医院叫博爱医院，据说做手术之前，操刀的牧师娘还虔诚地做了祷告。

出生落地，牧师娘看见这个娃娃个头不小，当时称了一下体重。结果，我的出生体重有"九斤十两"之多。当时，父亲很绅士地说："牧师娘，是你把这娃娃接生到世界上，你给他取个名字吧！"

牧师娘用怪异的汉语说："这个孩子儿，有九斤十两，就是在我们英国，也属于巨型胎儿。我看，就叫个"九十儿"吧！"

于是，我就有了最初的名字"九十"。那是我的第一个名字，自出生到念完小学，我的名字始终是"张九十"。出村读高小，奶奶才给我取了大名，便是使用至今的"张石山"。

关于我的出生体重，"九斤十两"，首先这个"十两"就让人们纳闷。十两，不就是一斤吗？何不干脆叫做"十斤"呢？

如前面介绍的，我出生在 1947 年，当时的斤秤还是一斤等于十六两。所以，才有"十两"之说。

换算成十进制，十两便是十进制的 6.25 两。

那么，我的出生体重便是 9 斤再加 6.25 两，等于 9.625 斤了？这样说，还是不对。因为那时的市斤，是旧制，一斤相当于 600 克。经过进一步换算，我的出生体重应该是十一斤五两五，也就是 11.55 斤。

关于我的出生体重，要说清楚，须得经过新制旧制十进制十六进制若干换算。

有时我会想，多亏当年斤两使用的是旧制，要不然给我取名字就麻烦了。叫我"十一斤五两五夫"吗？那比日本人的名字还复杂，快成了俄国人啦！

哈哈，这个名字让我想到了"九斤老太"！

怎么？你是想影射我们"一代不如一代"吗？

？！

呵呵，不要过度解读啦！

韩信立马分油

韩信在中国老百姓的口头传说中，算得上是一个神奇人物。

"萧何月下追韩信"的故事，人们耳熟能详。"韩信用兵，多多益善"，成了人们的一句口头俗语。若干与计数有关的传说故事，大家都乐意安在韩信头上。中小学生知道，中国的余数定理传到西方，被称作"孙子定理"。但在民间，却把那定理称作"韩信乱点兵"。

在我的记忆里，我们老家村子里，许多成人都知道"韩信立马分油"的故事。寻常在地头场院念叨，成为教化小孩子的一个传统素材。

那故事是这样的：两个人合伙做生意，卖油，一块拉着十斤油出门去集市。可是两人在半路上起了纷争，闹起别扭，无论如何不肯再合伙。两人要平分那十斤油，然而却遇上了困难。他俩带着的十

斤油，装满了一个油篓；另外还有两件容器，一个
是盛七斤的罐子，一个是容三斤的葫芦。平分十斤油，
每人五斤，利用手头的容器，想不来到底该怎样分。
两人既已不肯合作，又分不开十斤油，结果就唬在
半道上。那叫"张飞纫针——大眼瞪小眼"。

　　这时，故事中的主角上场了。韩信路经此处，
看见两人情形有异，询问一回，得知了缘由。韩信
不假思索，随口就给出了平分十斤油的办法：

　　　　葫芦归罐罐归篓，
　　　　临了再扯一葫芦。

　　说罢，打马扬长而去。

　　两个生意人这才猛醒，依法操作，终于平分开
来十斤油。这便是"韩信立马分油"。

　　头回听到这样的题目，我当初首先是觉着有趣，
它不是一般的加减乘除，而是需要来回掂掇斟酌。
在心里暗暗操作计算一回，便又增加了一点新的数
学知识。

117

李白喝酒

　　早年间，在乡下种地的农民，其历史知识几乎都是来之于"听书看戏"。比如说起韩信、萧何、曹操、周瑜、桃园弟兄刘关张，大家都相当熟悉。

　　我们县有个藏山，传说是赵氏孤儿赵武的藏身之地，藏山庙的庙会上，唱戏要唱《八义图》。于是，老百姓都知道程婴杵臼的义举，还知道一个奸臣叫屠岸贾。大家听书看戏，知晓《封神演义》当中有个反复无常的申公豹。村里人形容谁惯于来回翻话嚼舌头，便说那人是个"申公豹"。

　　对李白、杜甫那样的大诗人，农民就很陌生。只有乡下曾经的读书人，知道李白，并且知道刘伶、李白能喝酒。有一道民间的数学题，名堂就叫"李白喝酒"。

　　　李白街上走，拎壶去买酒。

逢店添一倍，见花喝一斗。

三遇店和花，正好喝光壶中酒。

壶中原有多少酒？

这道题，需要倒着推算。李白最后喝光了酒，那么此时壶中的酒正好一斗。那么，他之前碰到酒店的时候，壶中应该有酒半斗。再往前推，李白上次喝酒，壶中的酒是一斗半；于是，他第二次遇到酒店时，壶中应该有酒四分之三斗。推算到开初，李白的壶中应该有酒八分之七斗。

对于中小学生，学过了列式计算，本题确实不难。只要思路对头，一算便知。而在民间，有人讲出这样的题目，一般是要人来口算的。这样的题，口算也不难。但同时要记住好几番推算的过程，对人的计算力和记忆力都是一种有益的锻炼。

还有另外流传的诗句，说来大同小异：

李白沽酒探亲朋，

路途遥遥有四程。

一程酒量添一倍，

却被书童喝一斤。

四程行到朋友处，

只剩一只空酒瓶。

且问李白出门时，

瓶中有酒多少斤？

这个"李白喝酒"的版本，不过是把打酒的容器变成了酒瓶，量词"斗"变成了"斤"，自己喝酒改为书童喝酒，三个反复轮次变成了四个。

其实，后一道题，只是比前一道题多加了一个轮次，口算的时候，再往前推算一次就可以了。

这道题，就留给读者们来计算。希望最好是口算。

隔壁分银

与前面的"哑巴割肉"类似，民间还有一个"隔壁分银"的数学谜题。

只闻隔壁客分银，

不知人数不知银。

四两一份多四两，

半斤一份少半斤。

几个客人多少银？

这道题当中的斤两，当然也是一斤等于十六两。如果是现今的市制，一斤等于十两呢？

这里就不再具体运算给出答案了。相信小读者们完全有能力自行运算。

四人分喝酒一斤

我的父亲虽然只是一个没有读过书的苦力工，但他崇尚文化，博闻强记，脑子里记下数不清的种种民间话语。他在新中国成立后工作的单位叫排车社，三个人拉那种载重好几吨的排子车。而这样的行当藏龙卧虎，不知有多少民间高人。大约在1959年，我在老家已经读小学五年级，父亲给我讲过一则关于喝酒的民间数学题。

有一斤酒，分装在两个正好容半斤的瓶子里。只有一个酒杯，容量是三两。共有四个朋友来喝酒，平均每人喝四两酒。那么，这四个人要怎样斟酌掂兑，才能公平地每人喝到四两酒呢？

这样一个数学题，不存在计算问题。它要考量的是人们的运作筹划的能力。而且，要步骤精确，不能有一点失误。一旦操作失误，给某人先喝了一份酒，就再也没有改正的机会。因为，酒喝到肚子里，不可能再取出来重新操作。

当时我自己拿纸笔记录，最终得出了四人平分十六两酒的准确步骤。当然，也曾经出过错。好在只是纸上运算，错了重来罢了。小读者们如果有兴趣，不妨自己来试一试。看看究竟要多少个步骤，才能完成此一题目。

1958年，我父亲在工地上出了事故，被砸断了一条腿。他在住院期间，给同病室的病友们讲过这道题。大伙儿都是在外科手术后，处于康复期，躺在病床上动弹不得，通过聊天讲故事来消磨时间。这道题，父亲说，是北路乡下的一个放羊的老汉最早算了出来。放羊汉，每天都要数羊，或许就比常人有着更高的计算力吧。

我听出来了，"不能出错"就是要将错误的操作在心算中加以排除。

生活中会有这样的情况吗？这样的题目有什么实用价值呢？

好比裁衣服下料，算错了，一剪刀下去，材料就毁啦！

况且，许多科学研究并不完全为了实用，也许最初只是出于人类的好奇。

第六篇

学会四舍归，买卖不吃亏

第五大发明

　　珠算，在我国有两千多年的使用历史，被誉为中国的"第五大发明"。前几年被列入了世界非物质文化遗产名录，它完全可以称为古人的计算器。

　　当年，莫说在乡间的供销社，便是在省会太原的商店里，柜台上一定摆着算盘，仿佛如今售货员手头的计算器。至于在村子里，珠算极其普及。老乡们判断一名文化人的水平，一要看他的毛笔字写得怎么样，再一个就是看他的算盘打得怎么样。我的整个小学期间，一直有珠算课。加减乘除，珠算和笔算一样，最后学的是除法。珠算除法，传统上叫做"归除"。其中，以数字四和七为除数的归除相对难一点。所以，老百姓有一句口头禅说："学会四七归，买卖不吃亏。"甚至有"学会四七归，走遍天下不吃亏"的夸张说法。

　　我在村子里，刚刚读小学，大伯就开始教我和大哥宝山学习打算盘。村子里像我大伯一样会打算盘的农民，比例非常高。加法"三遍九""九遍九"，在小学开珠算课之前，我早已学会，并且能在算盘上做简单的乘法题。使用算盘来计算，需要简单的心算基础；算盘打得多了，反过来有助于提高心算的水平。

小学二年级，假期里来太原小住，父亲见我已经有了一点珠算基础，开始教我归除。归除，有如加减法，有许多口诀。记住那些口诀，在算盘上操作，速度会非常快。后来，算盘渐渐退出了我们的生活。在我而言，唯有曾经背诵过的许多口诀，还留在记忆中。比方，我在文章中写到我的奶奶走路，小脚扭前扭后，简直就是"六退四进一"。

"我的算盘只打一遍"

我的几位堂兄，老大是宝山，老二是靠山，老三叫东山。宝山初小四年级辍学，当了村里的羊倌。老二老三都是高小六年级毕业，随后也辍学了。当时国家中学教育远未普及，升学率本来就低，大家早早回家种地上山罢了。我是由于父母在太原，这才有个城市户口，在城市里读完了高中。城乡差别，兄弟们的命运便也因之而不同。

所谓"高小"，全称是高级小学，相当于现在的五六年级。当初在老家，我们要跑校读书，十多个山村的几十个孩子们凑齐一个班。高小毕业的时候，我是班级第一名，东山是第二名。东山脑子好，后来就在村里当上了会计。他的算盘打得本来就好，干了多年会计，算盘就更加打出了名堂。在改革开放之前，农村还存在人民公社。生产小队之上是生产大队，大队之上就是公社。其管理范围，相当于如今的乡镇。东山小时候缺钙，肩膀上扛着早年农村常见的那种"扁骷髅"脑瓜，连公社书记主任都熟悉东山这一颗脑瓜。当年，公社要搞年终核算等与会计有关的工作，一旦遇到麻烦困难，就会想到我们红崖底的张东山会计。领导上来就说："你们实在弄不清，把红崖底的'扁骷髅'叫出来吧！"

扁骷髅东山听到招呼，知道要干啥，带上他的算盘上公社。算盘珠子噼里啪啦，账目一笔一笔算清。每算清一笔，他就让人上账。有人说：你就不再算算啦？万一出了错呢？东山总是回答："我的算盘只打一遍。没听说用算盘还会出错！"

没有计算器，照样算账！

你和我没完啦？

小小的失学，可惜了那娃娃啦！

我看，把算盘称作早先的计算器，一点不错！

几个老汉去买梨

　　民间流传的许多数学谜题，正如许多民谚童谣和民歌一样，不知道是谁创作出来的。大家口口相传，仿佛自古而然。关乎数字的谜题，也基本上都是韵句，便于口述，也能引发听者的兴趣。可想而知，许多段子都是在民间话语的熔炉里，经过了千锤百炼的考验。

　　有一个"老汉买梨"的谜题，也很有趣。

　　　　一群老汉去赶集，

　　　　集上买了一堆梨。

　　　　一人三个多五个，

　　　　一人五个少三梨。

　　　　几个老汉几个梨？

　　这样的谜题，采用韵句，记忆传播都比较方便。

具体而言，这道题并不难。孩子们学过代数，懂得假设未知数，算起来非常简单。我当年读书到小学毕业，数学课本叫"算术"，还完全没有代数概念。听到诸如此类的谜题，只能用算术方法来心算。

当然，接触此类题目多了，也就琢磨出一些具体的方法。比方"老汉买梨"的谜题，发现它其实还是"哑巴割肉"那样的题型。老汉两次分梨，三个一份、五个一份，每份的差数是2，梨子的余数和缺数之和是8，不难得出是4个老汉。梨数便也迎刃而解。

一群闺女来分针

我父亲每次回老家，除了孝敬奶奶，给孩子们也总要带些糖果点心之类。我的堂兄弟有八九个，堂姊妹有十多个。听说要分糖果，在奶奶的上房地脚，一下子会涌进二十来个娃娃们。

有一次，父亲当场随口出了一道谜题，要大家解答：

三百六十一根针，
一群闺女来分针。
只许分亭针，
不许一个一个分。
几个闺女各分多少针？

首先，需要解释一下这个"亭"字。老百姓的口语中，常常使用。平均分东西，叫做"亭分"；

分得平均，反过来说是"分亭了"。李白的《古风》中有"大车扬飞尘，亭午暗阡陌"的句子；郦道元的《三峡》中，有"自非亭午夜分，不见曦月"的句子。亭午，便是正午，正当午时。

上面这道题，我相信对于如今的小学高年级学生不是什么难题。从 1 到 19 这些自然数的平方是多少，大家早已熟知。学过围棋的孩子，给他出这样的题目简直就是笑话。

而在当时，我父亲出的这道题，就把我们大家通通难住。我当时读书到小学二年级，明白这样的除法题要反过来运算的道理，而乘积的尾数是一，只有"三七二十一"和"九九八十一"。自己正在试算，即将有了答案，突然家中来了客人，孩子们拿了糖果一哄而散。

我后来读中学，学过了简单的开平方。当然，书本上的开平方必须是笔算。回想父亲所讲的"闺女分针"谜题，觉得那应该归入民间的开方题一类。

原来"亭分"就是"平分"。

谜面是"121""169""289"，不也可以吗？

当然可以。

这孩子都能举一反三啦！

不值一包针钱

父亲退休后，回到我们老家生活，其时 1981 年。应该说，他见证了改革开放之后的乡间巨变。有一年，他给我讲起这样一个话题：全村老百姓，如今只剩下三个人还在穿自家做的布鞋，其他人，通通是买鞋来穿了。

在我的记忆里，村里的家庭主妇，做针黹就是一个繁重劳动。她们缝衣服、纳鞋底，要用"顶针"，要戴"手托"；拧麻绳、合线股，要用"八吊"，如今这些事物已经几乎绝迹。女人们做针黹的习惯动作，要在头发上磨针尖，这样富有浓郁乡土气息的画面，如今也是难得一见了。

当年，货郎进村，女人们围拢上前，买针的最多。一包针，50 个，五分钱。我在镇子上，还见过专门卖针的小贩。他打开纸包，左手拿着一块木板，右手拈起七八根针，甩飞镖似的，将那些针甩出，成行扎在木板上。用这样的手艺吸引顾客,针卖得很快。

且说我们村,就在我家的邻院,有个老汉名叫"二倔",我们称呼他"二倔爷爷"。这个老汉,在地里干活的时候,打死了一只狼。剥下狼皮,上县城去卖。老汉本心想卖一块钱,城里的铺子只肯出七毛钱。二倔老汉嘛,脾气倔,宁可不卖。三十里地打来回,回到院子里,将那张狼皮"啪"地一声扔在屋檐下,说道:

"哼!不值一包子针钱,不卖!"

他老婆,我们称呼二倔奶奶,记住了老汉的这句话。改日,村子里来了一个货郎,二倔奶奶拎上狼皮去交易。她说:

"这张狼皮,你能换给我两包针不能?"

货郎做买卖的,自然知道这张狼皮的价值,觉得遇上了傻女人,当下爽快答应,双方愉快成交。

有的村人当场见证了这个交易过程,出面阻拦二倔老婆,那女人根本听不进去。有的说,二倔老婆子真是傻;有的担心,二倔那脾气,下地回来怕是要痛打女人。也有的议论,那货郎不地道。一个买卖家,你不知道一张狼皮值多少吗?哄骗一个傻女人,指望这个能发了财吗?有人估计,这个货郎,恐怕要有一段时间不敢来红崖底了。

据说，二倔知道了这个结果，果然生气动怒。但他那老婆竟是振振有词：

你不是说，那张狼皮不值一包针钱？俺们给你换回两包针，你还不高兴啦？

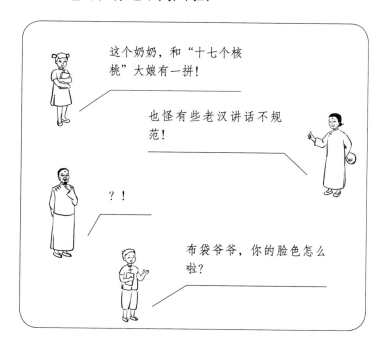

掌柜的，三八二十五

与上面的真实事例相反，在民间话语里也有买卖人输给普通老百姓的故事。中国古来重农轻商的思想深入人心，这样的故事自有其存在的土壤。

故事说，一个走村串乡的货郎，有贪图小便宜的毛病。这一天，他到一个村子做生意。摇动拨浪鼓，自有顾客前来。针头线脑的，卖了一些，货郎就要收摊走人了，来了一个妇女要买线。黑线白线丝线，过去都是按绺卖。一绺线卖八个铜钱。那女人说是要买三绺线，两手捧着一捧铜钱，嘴上说道：

"掌柜的，三八二十五，我数得对对的！"

三八明明是二十四，货郎心想，这是遇上傻老婆啦！心里动了占便宜的念头，当下也不加以纠正，给了那女人三绺线，接过铜钱也不再细数，"哗啦"扔进了他的钱匣子里。女人拿了三绺线转身回家，货郎平白多捞到一文铜钱，心满意足挑上担子便要离去。不料，那女人从家里奔出来，嘴里大呼小叫的：

"掌柜的，俺男人说啦，三八是二十四！俺们刚刚多给了你一个铜钱！俺们一个傻老婆，算不来账，掌柜的你不该算不来！"

这么着一嚷嚷，货郎担跟前围拢来不少人。货郎脸上发红，这事错在自家，实在无可分辩。从钱匣子里取出一文铜钱，交还那女人。女人这才唠唠叨叨地去了。

普通的村庄，即便如我的家乡那样的小山村，大家崇奉的照样是我们至高无上的仁义道德，照样有着民间的"论坛"，人们会用道德标杆来"知人论世"。在那故事里，看热闹的自然也要发言评论。

有人说，贪图小便宜，今番这个货郎算是让打脸啦。被打脸，也不值得同情。那叫自找，活该。

也有的说，只怕不只是打脸丢人，说不定是"偷鸡不成蚀把米"。也许那货郎连二十四个铜钱都没有拿到，反而倒贴了一枚。

一个村里的人，谁不知道那女人精明过人，她哪里会不识数？更有人讲，也许那女人当初捧出的一把铜钱，本来就少一个。这样的话，货郎子亏得就不止一文钱啦。

于是，有长者出来说话了。货郎子尽管不好，小小给予点破未尝不可。反转来算计人家，这就对吗？话说到这份上，众人便不再言语。

这样的话，这个女人的心机可是不好！

那货郎贪图便宜在先，他就没有责任吗？

听故事当中，你们能够明白是非，太好啦！

你俩真是一对好娃娃！

及时梨果买一千

民间数学谜题，一般说来具体数字都不大。这类民间话语，目的是给少年儿童在计数方面启蒙，讲究有趣，重在启发。并不是要卖弄高明，也不是为着难住大家伙儿。

下面这道题，见于我国元代数学典籍：

九百九十九文钱，

及时梨果买一千。

一十一文梨九个，

七枚果子四文钱。

所买梨果各几个？

各自用了几文钱？

这一谜题，计算的数字上了千。对于现在的学生，这只是一道简单的二元方程数学题，不存在多少难度。

但诸如此类的谜题，载于古代数学书籍，说明我们的前人早已有多元方程计算的概念。这样的谜题，以韵句的形式流传民间，至少能够说明我们民间的数学启蒙教育，曾经达到过相当的高度。

我在小学六年级之前，没有见到过这样的题目。假设当初在农村见到了这一题目，尚未学过任何代数知识，我能不能仅仅用算术的办法算出答案来呢？想一想，这是可以的。

第七篇

从南飘来一只船

鸡兔同笼

"鸡兔同笼"的数学趣题，是我国古代算学典籍上的一道名题。上世纪60年代，我到太原读中学，不再学习"算术"，数学课称作"代数"。在初中的代数课本上，简单介绍了"鸡兔同笼"。

但这道趣题，在民间流传极广。大约是我读小学三年级的时候，父亲讲过这个趣题。

鸡兔三十六，

共腿一百条。

几个兔子几只鸡？

它没有太大难度，我很快就答出来了。按兔子算，多出腿来；按鸡算，少了腿。多出44条腿，一定是把鸡也当成了四条腿，鸡数自然是22。反过来讲，36只鸡72条腿，少了28条腿，是将兔子当成了两条腿。兔子无疑是 14 只。

父亲说，这样的算法叫"抽兔补鸡"。

答上来"鸡兔同笼"，父亲就又给我讲了一道题。

> 从南飘来一只船，
>
> 不知蛤蟆不知蟾。
>
> 头颅数了三千六，
>
> 腿脚数下一万三。
>
> 多少蛤蟆多少蟾？

附带有个说明，这儿所讲的蟾，是三条腿。

学会了"抽兔补鸡"之法，这道题当然更是迎刃而解。"一万三"云云，听着数字不小，只是唬人的，当成"一百三"来计算好了。

当时，父亲只是口述，我不知道他说的那"蟾"究竟是一种什么动物。我极为惊异，它怎么会有三条腿呢？

后来我知道了，中国古来的雕塑作品中，作为吉祥物的金蟾，常有三条腿的造型。

我还知道，神话传说中的"金乌"、"神鳌"，也是三条腿。

动物进化，怎么没有进化出三条腿来呢？

这个问题，和"动物怎么没有进化成轮子行走"是一类问题。

是我发烧？还是你们发烧？

文王百子

我父亲在太原市搬运公司排车社工作，当过生产队长。他们长年拉运货物，在生产中难免会遇到数学问题。

比如，工地上堆放的钢管，从下往上是梯次递减的。上面，有时封头，就是堆放到最后一根；有时不封头，顶上根数不等。计算钢管的总数，他一眼看去，得数就出来了。

1958 年，太原新建一家锅炉厂。巨型锅炉从铁路上运来，好久运不到工厂。因为当年的太原市，没有搬运那种巨型物件的起吊机器和运输工具。那锅炉连同车皮在站台上存放了一个多月，不仅要花存放的费用，关键是影响建厂。我父亲所在的排车社，属于纯粹的人工劳动，没有人想到请他们来搬运。后来，实在没办法了，这才派人和排车社洽谈。排车社领导派我父亲去看现场，父亲当场拍板，和锅炉厂签订了负责运货的合同书。

那锅炉的总重量有十七吨，体量也特别大。普通的排子车根本拉不了，何况没有起吊机械。将排子车经过重新组装，我父亲搞出了一辆"六轴二十四轮"挂车。几根车轴、多少轮子，足以承载这个重量？这当中自然是有严密计算的。至于起吊装卸，他们借助滑轮，全部使用人工，最终安全高效完成了合同。这件事在当时，成为全省交通运输系统的特大新闻。

当年，我父亲被选为全省劳动模范和技术革新能手，光荣出席了全省和全国交通系统劳模大会。

在全省劳模大会期间，他接触了其他行业的高人，听说了一种闻所未闻的山西传统面食"文王吐百子"。

"文王百子"是古来的传说，"文王吐子"则是《封神演义》上的描写。而在民间，两相结合有了"文王吐百子"的说法。至于面食"文王吐百子"，父亲给我讲过这个段子。一种传统面食，说来也是和数字有关，有其文化寓意。

有这么一家财主富户，家里雇着专门的厨子，这厨子手艺高超。这一天，家里来了几位贵客，主人特别要给客人们展现自家厨子的手艺。厨子在这天偏偏有点私事出门了，直到临近饭时才回来。厨子上来向主人讨问当日的饭谱，主人心里不太高兴，有意刁难，说是炒菜喝酒之外，主食要吃饺子。

冷拼热炒吃着，喝酒也到一个分际，该着上主食了。厨子听到招呼，端上来一只大托盘，盘上却不是饺子。是什么呢？是白面做的一只大个头的乌龟。主人和客人一看，都是一怔。莫非时间来不及，这厨子给大伙儿包上来一只特大饺子？当下，主人变了脸色，问："你做的这叫什么东西？"

厨子回答："你吩咐吃饺子，这是饺子呀！"

主人脸色更加难看："这饺子怎么吃？"

"不会吃呀？"厨子淡然一笑，"看来诸位都没吃过。"

说话之间，厨子上前轻轻一捏，将那乌龟的嘴唇捏开，蒸蒸热气从中冒出。然后他用筷子在那乌龟的背上敲击，每敲一下，乌龟口中便吐出一只饺子。

当下，主人回嗔作喜，客人暗暗称奇。大家便来问道："你这道面食，可有名堂？"

厨子答道："这叫'文王吐百子'。"

在著名的面食之乡山西，如今却是见不到这一种面食了。

151

我发现了，民间话语，哪怕是涉猎数字的段子，也总是和文化相关。

"文王吐百子"，真有这种面食，还是一种传说？

哈哈，我宁愿信其有。

这又不是什么高科技，能想出来就能做出来！

一百牲口一百瓦

　　前头我们讲的"及时梨果买一千"的趣题，涉及梨果两种物品，两个未知数。民间传说的趣题，也有涉及三个未知数的。

　　　　一只公鸡值钱五，

　　　　一只母鸡卖钱三；

　　　　三只小鸡共一钱，

　　　　一百鸡卖一百钱。

　　　　公母小鸡各几个？

　　　　各自卖出多少钱？

　　类似这样的题目，我小时候在乡间不曾听到过，我父亲也没有给我讲过。这应该说明，一个人的生活阅历见闻，毕竟有限，而我们的民间话语果然深广浩瀚，难以穷尽。后来，听到上述趣题，自己试着口算一回，也能算出答案。它的解答不是唯一的，或者应该叫做不定解方程题。

　　如果是笔算，按三个未知数来列算式，可以先用一个步骤消去一元，然后进行试算。结果与口算是一样的。

　　类似的题目还有：

　　　　一百牲口一百瓦，

　　　　骡子驮俩马驮仨；

　　　　毛驴三只驮一瓦，

　　　　牲口各几个各分多少瓦？

　　类型题目，其实见过一个之后，自可举一反三。

　　小读者们不妨自行计算一下。如果能借此锻炼一下口算能力，那就更好。

　　希望这样的题目，能够传播开来，最终进入我们的民间话语宝库之中。

民间话语的数学题，大多是上口的韵句，特别好记！

"言而无文，行之不远"，是否说的就是这个？

然也，然也！

酸呀，酸呀！

远看巍巍塔七层

佛教传入中土，至今已有两千年。佛学东来，是我们中国历史上的一次文明碰撞。华夏文明有容乃大，消化吸纳，将佛学化成了自身文明的一部分。佛教佛学的种种概念说法，便也进入了我们的民间话语。这些带有佛教色彩的话语，多数都与数字相关。

比如：三宝、三藏，四大天王、八大金刚；六根六识、六道轮回、六字真言、人生八苦、十二因缘；十八层地狱、三十三天；三千大千世界，等等，不一而足。

在文学作品中，在老百姓的口语中，寻常有这样一句：救人一命，胜造七级浮屠。浮屠，也就是佛塔。七级浮屠原本在佛教中称作最高等级的佛塔。中国的数学名题，便也借用了这一概念。

远看巍巍塔七层，

红灯点点倍加增。

共灯三百八十一，

请问塔尖几盏灯？

　　这道诗韵趣题，我记得在中学时代的数学课本上有过介绍。按照等比数列的公式计算，非常容易。当然，口算也并不难。

157

七万万两黄金，打成四方一墩

新中国成立初期，我国与苏联的关系非常好。两国签订了《中苏友好同盟互助条约》，据说，苏联将贷款给我国数亿美元。

针对这一情况，民间的反应非常迅捷，即刻就有一道数学谜题流传开来。那时，我还没有上小学，记得父亲给人们讲过这道题：

　　七万万两黄金，
　　打成四方一墩。
　　请教各位高人，
　　问它是多大一墩？

这道题，一定是有答案的，但我父亲没有说。或许，他也没有听人讲过答案。他只是对大伙儿说："这道题可不容易。这得学过开立方才能算出来！"

后来，我读书读到了中学。在初三开始有化学课，我第一次看到了化学元素周期表，也知道了黄金的比重。我记得父亲讲过的那道题，自己尝试着进行计算。我觉着，只要思路正确，应该能够解答出来。

七万万两黄金，经过公制市制换算，能够算出这样多黄金的准确克数。根据黄金比重，接着就能算出它的体积。将它打成四四方方一墩，那就是正立方体。即便没有学过开立方，我们也知道开立方不过是立方的逆运算。

我给父亲讲了我的运算结果，他异常高兴。作为一个没有机会读书的苦力工，我的学业成绩，没有让他失望。

第八篇

天下黄河九十九道湾

两支"生活"一支蜡

2000 年，中国青年出版社从全国征召了八名作家，要大家在"走马黄河"的题目之下，各自完成一本与黄河文明有关的著作。我的考察重点是民歌与民俗。从黄河的发源地青海一路走下来，我自己重点关注了黄河的三个大折弯。

第一个折弯，是青海甘肃宁夏所谓"青甘宁"交界处。这儿，黄河从青藏高原俯冲而下，然后甩头北上，是游牧文明与农耕文明的一个交错区。这里，盛开着中国民歌的奇葩——"花儿"。

第二道折弯，是山西陕西内蒙所谓"晋陕蒙"交界处。这儿，黄河横穿内蒙古高原，随后劈开黄土高原兜头南下，同样是游牧文明与农耕文明的交错区，文明碰撞，滋生出了中国民歌的又一奇葩——"蒙汉调"。

第三道折弯，是山西陕西河南即"晋陕豫"交

界处。这儿，黄河一路东去，直奔太平洋，是华夏
文明最古老的发祥地。

我到晋南考察，自然是收获多多。单是无意间
听到的一个本地流行的歇后语，也值得说说。与数
字有些关联，但又并非那么简单。

两支生活一支蜡——毕毕啦！

晋南本地人，听到这个歇后语，当然是即刻理解。
我在山西文坛，号称最是了解乡土文化，但在当下，
竟然完全蒙掉了。经过请教，听了解释，我才明白：
这个歇后语所说的，不过就是"完蛋了"的意思。
要把这个弄明白，至少需要几点注释。

第一点，晋南永济一带，也就是大舜的故乡"舜
都蒲坂"，人们自古把毛笔称作"生活"。过去的
读书人，离不开毛笔，孩子们上学去读书，让他带
上毛笔，家长会提醒说："带上你的'生活'。"
两支生活，自然是两支笔。

第二点，永济人讲话，说"完了"是说"毕啦"。
这个无疑也能讲得通。"生活"也就是毛笔加上"蜡"，
其谐音自然就是"毕啦"。所谓"毕毕啦"，是重

复强调，完蛋又完蛋，完蛋到家了。

第三点，晋南人的方言发音，"毕"差不多是发"皮"的音。不经翻译，外地人根本听不懂。

十七十八力不全

2000年参加"走马黄河"，成为我一生中非常重要的体验。

那年，我周岁五十三，是参加"走马黄河"最年长的作家。

在走马黄河的具体过程中，我才对伟大的黄河文明有了更加深切的感悟和体会。

黄河奔腾万里，正是不择细流，方才成其浩大。

我们华夏文明也是这样，胸襟开敞，器量博大，自古以来吸纳包容，方才能够绵延不绝，愈加浩瀚深广。

作为在华夏文明滋养下成长起来的每个人，也应该这样。古人有云："行年五十，而知四十九年非。"不骄矜、不自满，知过能改，活到老学到老，是我们应有的人生态度。

一个社会，由各个年龄段的人构成。少年儿童和青年，还在求学阶段；老年人，到了生命的晚年，属于养老阶段。中年人，正是年富力强，上有老下有小，支撑着每个家庭，也就支撑了我们整个社会。

对于每一生命个体，也有少而壮、壮而老这样一个必然的生命过程。

在乡间，关于人的精力，有个传统的说法：

十七十八力不全，
二十七八正当年；
三十七八也好汉，
四十七八就玩儿完。

对于广大的体力劳动者，上面的说法有相当的道理。

我父亲，一辈子搞搬运，拉大车、扛麻袋，他一直劳作到六十岁才退休。每当看到年龄较大的人还在辛勤劳作，甚至还在背井离乡外出打工，我总要生出深深的感慨。

而立不惑知天命

在国学经典《论语·为政》篇中，我们伟大的先哲孔夫子，讲过他自己与年龄相关的一段语录。

子曰："吾十有五而志于学，三十而立，四十而不惑，五十而知天命，六十而耳顺，七十而从心所欲，不逾矩。"

后来，"志学""而立""不惑""知天命""耳顺"，成为各个相应年龄的指代词汇。

在《论语》中，还有若干篇章涉及到数字概念。比如著名的《论语·先进》篇侍坐章中，孔子的学生曾点有如下一段话：

莫（暮）春者，春服既成，冠者五六人，童子六七人，浴乎沂，风乎舞雩，咏而归。

对于曾点所言，孔子十分赞同。喟然叹曰："吾与点也！"

孔子为什么赞同曾点的选择？有人解释，当时大家所处的时代，不是志在天下的读书人出来做事的时候。大家应该努力读书，强化自身，待机而动。

孔子周游列国，最终也没有达到他参政治国的目的。最后，孔子回到鲁国，兴办私学，投身于传承道统的伟大的教育事业。

传说，他的门下有弟子三千人，其中的贤者有七十二人。

我们的民间话语，也涉及到了这个话题。

有人说，孔子的弟子有贤者七十二名，恐怕是后人的附会。另有人说，不然。贤者七十二，这在《论语》中就有记载。何以见得？论据就是上面曾点的那段话。

"冠者五六人"，五六等于三十；"童子六七人"，六七等于四十二；三十加四十二，还不是七十二？

上面这个段子固然只是民间话语，说着玩儿的，不必当真。但民间话语中的智慧机敏，给人留下深刻的印象。

喜寿米寿白寿茶寿

中国文化，有敬老的传统。这样讲，当然不是说别的国家就不敬老。好比说"中华民族，勤劳勇敢"，别的民族就懒惰懦弱了？其实，类似的表述，我们多是在自说自话。坚持自身文化的优良传统，总归没有错。

起自周代，我国就有"五十杖于家，六十杖于乡，七十杖于国，八十杖于朝。九十者，天子欲有问焉，则就其室，以珍从"的敬老礼仪。"杖"这个字，既是名词，也可以当动词使用。一个人达到某一年龄，就会享有相应的礼遇。七十岁，可以拄着拐杖出席国家级的礼仪场合；八十岁，可以拄杖登上朝堂；到九十岁，如果天子要向他咨询什么问题，要亲自前来拜访，还要带上一点珍稀礼品。

对于人的年龄，历来还有许多指代名称。五十岁，叫"知命之年""知非之年""大衍之年"；六十岁，叫"耳顺之年""花甲之年""杖乡之年"；七十岁，叫"古稀之年""杖国之年""致政之年"；八九十岁，还笼统称作"耄耋之年"。取其谐音，给老年人贺寿作画，还有画狸猫与蝴蝶的传统。九十岁，称作"鲐背之年"。老人年满百岁，称作"期颐之寿"。

中国汉字的书法，是汉文化独有的艺术瑰宝。七十七，按照传统来竖写，就像草书的"喜"字。所以，老人家七十七岁，又称"喜寿"。而八十八岁，称为"米寿"。九十九岁，比一百少个一，是为"白寿"。"茶"字，可以拆解为"二十、八十再加八"，所以一百零八岁，称作"茶寿"。

以上所述，与数字有关，属于指代年龄的常识。

天下黄河九十九道湾

2000 年走马黄河，我在沿途拜会了好几位民间歌手，听到不少地道的原生态民歌。

千百年来，黄河航运发达，大河上下，曾经是帆樯林立。沿河民众百姓，大家血脉交融、语言相通，一首《天下黄河九十九道湾》唱响大河上下。

前些年，陕北民间歌王贺玉堂、王向荣，和山西民间歌王辛礼生以及内蒙准格尔旗民间歌王奇富林，都唱过这首民歌，甚至有过精彩的对唱。

那首歌，第一段是发问：

> 谁晓得，
> 天下黄河几十几道湾？
> 几十几道湾上几十几条船？
> 几十几条船上几十几根杆？
> 几十几个艄公哟，

哎嗨哟哟把船来扳？

　　黄河，像一个巨大的弓背，横跨过内蒙古高原。折头南下，从山西省的偏关县老牛湾进入山西，往下经由龙口峡谷就到了河曲县。由河曲县的县城方向朝上游看去，娘娘滩和太子岛，位于河水中央，仿佛是龙口中衔着的宝珠。这一景观，当地正是称之为"龙口吐珠"。

　　从龙口这里开始，黄河劈开黄土高原，沿着千里晋陕大峡谷一路南行，就到了著名的黄河龙门。从狭窄的龙门峡谷奔腾而出，黄河方才漫延开来。

　　从"龙口"到"龙门"，真是极具想象力。不禁让人联想到那句歌词："家里盘着两条龙，长江与黄河"。

　　龙门，具体地理位置在山西晋南的河津，河对面是陕西的韩城。河津，在历史上的隋唐时代曾经叫做龙门县。龙门又称禹门，相传大禹治水，劈开龙门，黄河方才由此一泻千里。

　　正因为有"龙门"，我们的历史上才有了"鲤鱼跳龙门"的瑰丽传说。据说，鲤鱼逆黄河而上，跃过龙门者，便会化而为龙。用来形容奋发上进、终有所成，具有激励的意义。

晋陕大峡谷沿线，关于黄河鲤鱼，便也派生出了许多传说。

一个说，在龙门的下游，黄河鲤鱼的额头，都有一个黑点。那是由于没有跳过龙门，额头被撞出来的印记。

一个说，龙门下游的鲤鱼，多是两条须，只能称为凡品。而跃上龙门的鲤鱼，由于奋力游动，都生出另外两条须，变成了四条须。四条须，便有了龙的样态。

在全世界最深厚的黄土地带，诞生了伟大的黄河文明。从龙口到龙门，龙的传人们祖祖辈辈在歌唱黄河。

　　　　我晓得，

　　　　天下黄河九十九道湾；

　　　　九十九道湾上九十九条船；

　　　　九十九条船上九十九根杆；

　　　　九十九个艄公哟，

　　　　哎嗨哟哟把船来扳！

一万里黄河，谁等守望？

五千年文明，我辈传承！

少小英杰志向远大！

古老中华前程光明！

正是学童立志时

当今时代，教育普及。过去说读书人要有"十年寒窗"，现在的孩子们，光读到中学毕业就得十二年。然后是大学，乃至还要继续读硕士博士。

儿童、少年和青年，正是人的一生中用于学习的黄金时段。

鞭策鼓励人们少年立志、勤苦读书，我国自古以来有许多"劝学"的诗文流传。这些诗文中，涉及到数字的也不少。

唐代著名书法家颜真卿，写过一首七绝《劝学》：

三更灯火五更鸡，
正是男儿读书时。
黑发不知勤学早，
白首方悔读书迟。

宋代流传至今的《神童诗》当中，有这样一首：

少年初登第，
皇都得意回。
禹门三级浪，
平地一声雷。

望子成龙，是从古至今所有家长们的良好愿望。在鼓励孩子们勤奋学习、力求上进方面，上述诗文依然有其积极的现实意义。至于孩子们学业负担过重，家长们的期望值过高，给孩子们施加的压力过大，那是另一个问题。大家通过学习，能够获得进步，跃升到某一高度，这也不妨说正是"鲤鱼跳龙门"。

大家知道，孔子的儿子名叫"孔鲤"。在《论语·季氏》篇中，有著名的描述"孔鲤趋庭而过，父子之间对话"的章节。孔子问他学《诗》没有、学《礼》没有？孔鲤回答说没有。孔子便说，"不学诗，无以言""不学《礼》，无以立"。

孔子教育自己的孩子，并没有给他吃偏饭。孔子教授孔鲤，与教授门下所有弟子一样，要大家所学的，都是诗书礼乐。

当今时代，孩子们所学功课，与古人自是大有不同。但大道理是一样的。读书为了求知，"不学诗，无以言"；同时更重要的是学习做人，"不学礼，无以立"。

人生不可重来，生活没有彩排。在一次性的人生中，处在学习成长阶段的孩子们，应该努力增长知识，同时更应该努力建造完善自己的人格。

这，将有益于个人，有益于家庭，有益于民族，有益于全人类。

结　语

民间话语礼赞

　　本书序言的题目"知某数，识某文"，用了《三字经》上的一个现成句子。《三字经》微言大义，上述六个字概括得非常准确：我们传统的民间幼教，不仅要让孩子们学着认字，同时也要学着计数。既重文字又重数字，从来不曾厚此薄彼。

　　民间话语，包罗万象，即便是单独讲讲民间数学教育，也是一个说不尽的话题。《一画开天》这本小书，凡所涉及的数学题目，没有特别的难度。民间话语，目的在于面对少年儿童，引发大家的学习兴趣，决非为了难住大家而沾沾自喜。可以说，其出发点非常端正，心地光明，一派正大。写作本书的过程，无疑也是笔者重新温习民间话语的过程。在这个过程中，笔者生出许多感慨，说来主要有两点。

首先一点，是民间话语的丰富性。

我们的民间话语当中，蕴藏着极其丰富的种种知识。它们有关乎文字的，也有关乎数字的。就我个人而言，这些知识，特别是关乎民间数学教育方面的知识，主要得之于我父亲的传授。我的父亲，一个苦力工，一位普通的中国人，他的脑海中竟然有那样丰富的民间话语。这足以证明：即便许多人没有机会读书，我们的传统文化民间话语"有教无类"，确实曾经对众多的华夏子民有过相当广泛的教化。无数普通的老百姓，祖祖辈辈沐浴着民间话语的恩泽，反过来又责无旁贷自然而然传扬着我们的民间话语。民间话语，因而和民间同在，代代相传，生生不已。

其次一点，是民间话语本身的天然趣味性。

《论语》开宗明义第一句话，说的是"学而时习之，不亦说（悦）乎"。我们平常也爱说"寓教于乐"和"快乐教学"。其实，凡事总是说来容易做来难。如何让学习变得快乐，伟大的民间话语，在这方面给我们做出了榜样，竖起了一根标杆。

但凡涉及数学，总是难免有抽象概念。而本书所涉及的关乎数学的民间话语，或者是精练的民谚，或者是合辙上口的韵句，或者是引人的故事，都非常有趣。古人有云："言之无文，行之不远。"民间话语，能够代代传承，其趣味性简直就是它的生命线。

笔者真诚地希望本书的叙述文字，大致不失民间话语原有的趣味性，能够让大家读得津津有味。

同时，笔者也真诚地希望众多读者通过阅读类似书籍，能够对我们的民间话语萌生一点应有的温情与敬意。